Hans Ertel

Methoden und Probleme der dynamischen Meteorologie

Reprint

Springer-Verlag
Berlin · Heidelberg · New York · 1972

AMS Subject Classifications (1970) 86A10, 86A35

ISBN-13: 978-3-540-05915-8   e-ISBN-13: 978-3-642-65431-2
DOI: 10.1007/978-3-642-65431-2

ERGEBNISSE DER MATHEMATIK UND IHRER GRENZGEBIETE

HERAUSGEGEBEN VON DER SCHRIFTLEITUNG
DES
„ZENTRALBLATT FÜR MATHEMATIK"
FÜNFTER BAND
3

METHODEN UND PROBLEME

DER

DYNAMISCHEN METEOROLOGIE

VON

H. ERTEL

MIT 14 FIGUREN

BERLIN
VERLAG VON JULIUS SPRINGER
1938

Vorwort.

Dieses Büchlein bietet eine Übersicht über ausgewählte Probleme der dynamischen Meteorologie und über die Methoden, die zu deren Lösung bisher Anwendung gefunden haben. Auf Vollständigkeit im Sinne der umfangreichen Lehrbücher der dynamischen Meteorologie erhebt das kleine Buch keinen Anspruch, vielmehr ist es seiner Anlage nach etwa mit dem bekannten Artikel von F. M. EXNER und W. TRABERT in der Enzyklopädie der Math. Wiss. zu vergleichen. Aber trotz seines vorwiegend referierenden Charakters dürfte das Büchlein der Fachwelt manche neuen Gesichtspunkte bieten, und es sei mir hier z. B. der Hinweis auf die Darstellung der LAGRANGEschen Gleichungen der Hydrodynamik, die neue Formel zur Berechnung der ROSSBYschen Advektionsfunktion, die Ableitung der Gleichgewichtsbedingung der Tropopause und des stationären PALMÉNschen Tropopausentrichters, sowie auf die Relaxationszeittheorie der Gradientwindabweichungen gestattet. Hingegen habe ich die Theorie der atmosphärischen Turbulenz nur kurz behandelt, weil dafür bereits ein besonderes Heft dieser Sammlung vorgesehen ist.

Der Verlagsbuchhandlung Julius Springer möchte ich für ihr weitgehendes Entgegenkommen meinen verbindlichsten Dank aussprechen. Auch Herrn Dr. H. DUHM-Berlin sei an dieser Stelle für das Lesen der Korrektur herzlichst gedankt.

z. Z. Cambridge, Mass., im Dezember 1937.
Massachusetts Institute of Technology,
Meteorological Division.

H. ERTEL.

Inhaltsverzeichnis.

„Nach meiner Ansicht geschieht alles in
der Natur auf mathematische Art."
DESCARTES (an MERSENNE).

Einleitung.

Die Aufgabe der dynamischen Meteorologie besteht in der physikalisch-
mathematischen Beschreibung der dynamischen Vorgänge und statischen
Zustände der irdischen Atmosphäre. Der Begriff „Beschreibung" involviert dabei im Sinne der phänomenologischen Erkenntnistheorie zugleich die „Erklärung". Eine atmosphärische Erscheinung gilt demzufolge als „erklärt", wenn es gelungen ist, sie aus den bewährten
Sätzen der Physik deduktiv abzuleiten. Dabei ist es jedoch wegen der
Komplikation der atmosphärischen Vorgänge fast immer notwendig,
die realen atmosphärischen Prozesse durch ein oft einschneidendes Ab-
straktionsverfahren und unter Zerlegung in elementarere Teilprozesse
weitgehend zu vereinfachen. Dieses als „Extrapolation auf ideale Fälle"
bekannte methodische Verfahren kann zur Zeit nicht entbehrt werden,
da die analytischen Hilfsmittel zur Bewältigung der nicht idealisierten
Probleme gewöhnlich nicht ausreichen.

Infolge der methodisch notwendigen „Extrapolation auf ideale Fälle"
sind die Ansichten über die Bedeutung der dynamischen Meteorologie
für die synoptische Meteorologie (Wettervorhersage) geteilt. ·Während
sich die norwegische Meteorologenschule (V. BJERKNES[1] und seine
Schüler) auch für die Wettervorhersage die größten Erfolge von der
(noch ausstehenden) vollständigen Integration der „atmosphärischen
Störungsgleichungen" (vgl. S. 107) verspricht, erhoffen andere Forscher
mehr von einer Behandlung der Wetter- und auch Witterungs-Vorher-
sage mit den Methoden der statistischen Physik (F. BAUR[2]) oder von
der Anwendung analytischer Extrapolationsformeln zur Vorausberechnung der Verlagerungen des Druckfeldes (J. ANGERVO[3], H. WAGE-

---

[1] BJERKNES, V.: Die Meteorologie als exakte Wissenschaft. Braunschweig
1913 — Die atmosphärischen Störungsgleichungen. Beitr. Physik frei. Atmosph.
Bd. 13 (1926) S. 1—14 — Z. angew. Math. Mech. Bd. 7 (1927) S. 17—26.

[2] BAUR, F.: Statistische Untersuchungen über Auswirkung und Bedingungen
der großen Störungen der allg. atmosph. Zirkulation. I. Ann. Hydrogr., Berlin
1925 S. 1—6 — Statistische Mechanik der Atmosphäre. Z. Geophys. 1928 S. 281
bis 285.

[3] ANGERVO, J. M.: Einige Formeln für die numerische Vorausberechnung der
Lage und Tiefe der Hoch- und Tiefdruckzentren. Ann. Acad. Sci. Fennicae A,
Bd. 28 (1928) Nr. 10 — Gerlands Beitr. Geophys. Bd. 35 (1932) S. 265—290, dort
auch weitere Literaturangaben.

MANN[4], S. PETTERSSEN[5]), aber auch die Ansicht, daß Fehlprognosen aus verschjedenen Gründen eine naturnotwendige Tatsache sind, an der die mathematisch-physikalische Theorie nichts ändern kann, wurde mehrfach vertreten (A. SCHMAUSS[6], A. WIGAND[7]).

Trotz dieser unterschiedlichen Beurteilung der Bedeutung der dynamischen Meteorologie für die Wettervorhersage wird allgemein anerkannt, daß die dynamische Meteorologie zum tieferen physikalischen Verständnis des komplizierten atmosphärischen Geschehens infolge ihrer ausgesprochen explikativen Forschungsmethodik außerordentlich viel beigetragen hat. Auf dieser Tatsache beruht auch zunächst der Wert und die interne Stellung der dynamischen Meteorologie in der meteorologischen Gesamtwissenschaft, nicht aber auf der Anzahl und Qualität der Hilfsmittel, die sie der synoptischen Meteorologie für ihre praktischen Zwecke zur Zeit zur Verfügung stellen kann, wenngleich die Sicherung der meteorologischen Prognosen auch das letzte Ziel der dynamischen Meteorologie bilden muß.

---

[4] WAGEMANN, H.: Über die Anwendung der ANGERVOschen Formeln usw. Meteorol. Z. 1930 S. 488—490; ferner Ann. Hydrogr., Berlin 1931 S. 261—264.

[5] PETTERSSEN, S.: Kinematical and dynamical properties of the field of pressure with application to weather forecasting. Geofys. Publ. Oslo Bd. 10 (1933) Nr. 2.

[6] SCHMAUSS, A.: Das Problem der Wettervorhersage. 2. Aufl. Leipzig 1937 (Probl. d. Kosm. Physik Bd. I) — Meteorol. Z. 1932 S. 356, 1933 S. 113.

[7] WIGAND, A.: Zum Problem der Wettervorhersage. Meteorol. Z. 1933 S. 26.

I. Thermo-hydrodynamische Grundlagen.

§ 1. Zusammensetzung der Atmosphäre.

Für die Zwecke der dynamischen Meteorologie kann bis zu der vorläufig interessierenden Vertikalerstreckung von etwa 20 km[*] die atmosphärische Luft als ein nahezu homogenes Gasgemisch von folgender Zusammensetzung angesehen werden[8]: Stickstoff (N_2) 78,09 Vol.-%, Sauerstoff (O_2) 20,95%, Argon (Ar) 0,93% mit Spuren von Wasserstoff (H_2), Neon (Ne), Xenon (X), Krypton (Kr) und Helium (He); zu diesen sich nahezu im Zustand völliger Durchmischung befindlichen Komponenten tritt ein um etwa 0,03% schwankender Kohlendioxydgehalt (CO_2) und als thermodynamisch wichtigster Anteil ein stark raumzeitlich variabler Wasserdampfgehalt (H_2O), schwankend zwischen 0 und etwa 4 Vol.-%, der infolge seines auf der Existenz eines permanenten elektrischen Dipolmoments der dissymmetrisch gebauten H_2O-Molekel beruhenden ultraroten Bandenspektrums auch für den gesamten atmosphärischen Strahlungshaushalt außerordentliche Bedeutung besitzt.

Die Theorien über die Zusammensetzung der höchsten Atmosphärenschichten, deren noch stark differierende Resultate hauptsächlich von der Annahme über den prozentualen Anteil der H_2-Komponente an der Erdoberfläche abhängen, tangieren die Probleme der dynamischen Meteorologie nicht wesentlich, so daß hier Literaturhinweise genügen mögen[9].

Dagegen wäre hier die Berücksichtigung der atmosphärischen Beimengungen in fester oder flüssiger disperser Phase (Staubpartikel, Tröpfchen von Stickstoffoxyden, NaCl-Lösungen usw.) im Hinblick auf

---

[*] In 20 km Höhe beträgt der Luftdruck etwa 50 mb.

[8] PANETH, F. A.: The chemical composition of the atmosphere. Quart. J. Roy. Meteorol. Soc., Lond. Bd. 63 (1937) S. 433.

[9] BARTELS, J.: Die höchsten Atmosphärenschichten. Erg. exakt. Naturwiss. Bd. 7 (1928) S. 114—157. — GUTENBERG, B.: Lehrbuch der Geophysik. S. 618 bis 649. Berlin 1929. (L. WEICKMANN: Aufbau der Atmosphäre.) — Der Aufbau der Atmosphäre. In: Handb. d. Geophysik Bd. 9 Lief. 1 S. 1—88. — CHAPMAN, S., and E. A. MILNE: The composition, ionisation and viscosity of the atmosphere at great heights. Quart. J. Roy. Meteorol. Soc., Lond. Bd. 46 (1920) S. 357—398. — BARTELS, J.: Überblick über die Physik der hohen Atmosphäre. Elektr. Nachr.-Techn. Bd. 10 (1933) Sonderheft. — HAURWITZ, B.: The Physical State of the Upper Atmosphere. Toronto 1937. (Die beiden letzten Arbeiten enthalten ausführliche Literaturangaben.)

die an Bedeutung gewinnende kolloidphysikalische Erklärung der Niederschläge wünschenswert; da jedoch die diesbezüglichen Fragen mehr der eigentlichen Thermodynamik der Atmosphäre angehören und zudem die meisten dieser Probleme einer rechnerischen Behandlung bis jetzt kaum zugänglich sind, wollen wir nur gelegentlich der Besprechung der Arbeiten von H. KÖHLER zur Thermodynamik der Kondensation darauf zurückkommen. Einen prägnanten Überblick über den gegenwärtigen Stand der atmosphärischen Kolloidphysik verdanken wir A. SCHMAUSS und A. WIGAND[10].

§ 2. Die Zustandsgleichung der Gase.

Für viele Fragen der dynamischen Meteorologie kann zunächst vom Wasserdampfgehalt der Luft abgesehen werden. Jede Komponente (i) der trockenen Luft, deren Zustand in üblicher Weise durch drei der „Zustandsgrößen" $p_i =$ Druck, $T_i =$ abs. Temperatur, $\varrho_i =$ Dichte, $\alpha_i = \varrho_i^{-1} =$ spezifisches Volumen charakterisiert werden kann, genügt, wenn alle Zustandsparameter auf die „kritischen Daten" p_i^*, T_i^*, α_i^* bezogen werden:

$$\pi = \frac{p_i}{p_i^*}, \qquad \varphi = \frac{\alpha_i}{\alpha_i^*}, \qquad \vartheta = \frac{T_i}{T_i^*},$$

derselben „reduzierten Zustandsgleichung realer Gase"

$$\left(\pi + \frac{3}{\varphi^2}\right)(3\varphi - 1) = 8\vartheta,$$

die das „Theorem der übereinstimmenden Zustände" ausspricht. Da unter atmosphärischen Bedingungen sämtliche Komponenten der Luft von ihren kritischen Daten hinreichend weit entfernt sind $(\pi \gg 3/\varphi^2$, $3\varphi \gg 1$, „fast-ideale Gase"), kann obige Zustandsgleichung in

$$p_i \alpha_i = R_i T_i$$

vereinfacht werden. Die Größe

$$R_i = \frac{8}{3} \frac{p_i^* \alpha_i^*}{T_i^*}$$

heißt „individuelle Gaskonstante", sie ist dem Molekulargewicht m der betreffenden Komponente umgekehrt proportional, so daß nach Einführung einer „universellen Gaskonstante" R_0:

$$R_i = \frac{R_0}{m_i} \left(= \frac{8}{3} \frac{p_i^* \alpha_i^*}{T_i^*} \right)$$

für jedes Gas die „individuelle Zustandsgleichung"

$$p_i \alpha_i = \frac{R_0}{m_i} T_i$$

resultiert.

---

[10] SCHMAUSS, A., u. A. WIGAND: Die Atmosphäre als Kolloid. Braunschweig 1929 (Samml. Vieweg, Heft 96).

Wenn mehrere Komponenten mit den Teilmassen M_i eines Gasgemisches, die zusammen die Masse 1 besitzen mögen, zugleich das „spezifische Volumen der Mischung" α bei gleicher Temperatur T ausfüllen, so verhalten sie sich hinsichtlich ihres Druckes so, als ob jede Gasart allein bei der gleichen Temperatur das Volumen α ausfüllt, d. h. der „Partialdruck" p_i der $i$ten Komponente beträgt

$$p_i = R_0 \frac{T}{\alpha} n_i, \qquad (n_i = M_i/m_i \text{ heißen „Molzahlen"})$$

während der Gesamtdruck p gleich der Summe aller Partialdrucke ist (DALTONS Gesetz):

$$p = \sum p_i = \frac{T}{\alpha} R_0 \sum n_i.$$

Das ist die Zustandsgleichung trockener Luft, die gewöhnlich wegen $\alpha = \varrho^{-1}$ in der Form

$$(1) \qquad\qquad p = R T \varrho$$

benutzt wird;

$$R = R_0 \sum n_i$$

ist die Gaskonstante des Gemisches, sie hat für Luft den Wert $286{,}8 \text{ m}^2 \text{ sec}^{-2} \text{ grad}^{-1}$.

Aus dem Gesamtdruck p ergeben sich die Partialdrucke p_i mittels der „molaren Konzentrationen"

$$r_i = \frac{n_i}{\sum n_i}$$

dann einfach zu $p_i = p\, r_i$.

Mit der oben (S. 3) angegebenen Zusammensetzung ergeben sich z. B. in Bodennähe ($p = 760$ mm Hg) folgende Partialdrucke:

	p_i (mm Hg)
N_2	593,48
O_2	159,22
Ar	7,07
CO_2	0,23

Oft muß man sich in der Meteorologie an Stelle der Zustandsgrößen p, T und ϱ „ausgeglichener" Werte $\bar{p}$, $\bar{T}$, $\bar{\varrho}$ dieser Parameter bedienen, die räumliche oder auch zeitliche Mittelwerte darstellen. Man muß dann nach HESSELBERG[11] definieren:

$$\bar{p} = \frac{1}{\tau} \int p \, d\tau, \qquad \bar{\varrho} = \frac{1}{\tau} \int \varrho \, d\tau, \qquad \bar{\varrho}\,\bar{T} = \frac{1}{\tau} \int \varrho\, T \, d\tau,$$

damit die Zustandsgleichung die Form $\bar{p} = R\bar{T}\bar{\varrho}$ beibehält[12].

---

[11] HESSELBERG, TH.: Untersuchungen über die Gesetze der ausgeglichenen Bewegungen in der Atmosphäre. Geofys. Publ. Oslo Bd. 5 Nr. 4 — Beitr. Physik frei. Atmosph. Bd. 12 (1926) S. 141—160.

[12] Vgl. hierzu auch S. PETTERSSON: Die Anwendung der Zustandsgleichung auf Zeitmittelwerte. Beitr. Physik frei. Atmosph. Bd. 13 (1927) S. 237—245.

§ 3. Die Hauptsätze der Thermodynamik.

1. Hauptsatz (in der Formulierung von HELMHOLTZ 1847): *„Bei allen in einem abgeschlossenen System verlaufenden Änderungen bleibt die Gesamtenergie des Systems konstant.“*

Definieren wir mit PLANCK (1887): *„Die Energie eines bestimmten Systems in einem bestimmten Zustand ist — bezogen auf den willkürlich festgelegten Normalzustand — gleich der Summe der mechanischen Äquivalente aller Wirkungen, die außerhalb des Systems hervorgebracht werden, wenn es auf irgendeine Weise aus dem gegebenen Zustand in den Normalzustand übergeht“,*

so besagt der erste Hauptsatz, daß in der die einer Gasmasse 1 zugeführte Wärmemenge $d'Q$ mit der Änderung der Energie dU und der an die Umgebung abgegebenen äußeren Arbeit $d'K$ verknüpfenden Gleichung

$$(2) \qquad d'Q = dU + d'K$$

dU ein totales Differential darstellt, also $\int_1^2 dU = U_2 - U_1$, unabhängig vom Wege ist und speziell für einen Kreisprozeß $\oint dU = 0$ gilt.

Für ideale Gase ist die innere Energie U:

$$(3) \qquad U = c_v T,$$

da $(\partial U / \partial \alpha)_T = 0$ eine Definitionseigenschaft idealer Gase darstellt (3. GAY-LUSSACsches Gesetz), ferner ist im Falle rein mechanischer (quasistatischer) Arbeitsleistung:

$$(4) \qquad d'K = A p \cdot d\alpha.$$

$A = 2{,}389 \cdot 10^{-4}$ cal gr^{-1} m^{-2} sec^2 heißt „kalorisches Arbeitsäquivalent“, A^{-1} ist das mechanische Äquivalent der Wärme. Der erste Hauptsatz nimmt dann die in der Meteorologie gebräuchliche Form

$$(5) \qquad d'Q = c_v dT + A p \cdot d\alpha$$

an.

2. Hauptsatz (in der Formulierung von CLAUSIUS): *„Für jedes abgeschlossene Körpersystem existiert eine gewisse Größe $(S = Entropie)$, die bei allen irreversiblen Änderungen innerhalb des Systems zunimmt, bei allen reversiblen Änderungen konstant bleibt, die aber niemals abnimmt, ohne daß in anderen Körpern Änderungen zurückbleiben.“*

Nach dem 2. Hauptsatz ist T ein integrierender Nenner der Diff.-Gl. (5) bei reversibler Wärmezufuhr $d'Q$, also $dS = d'Q/T$ ein totales Differential. Die Entropie ist eine additive Eigenschaft; ergänzen wir also z. B. eine Gasmasse mit der Entropie S durch Einbeziehung ihrer Umgebung mit der Entropie S^* zu einem abgeschlossenen System, so soll nach CLAUSIUS' Prinzip

$$(6) \qquad dS + dS^* \geqq 0$$

sein. Nehmen wir an, daß in der Umgebung keine irreversiblen Prozesse ablaufen, daß dagegen die Umgebung eine infinitesimale Wärmemenge an die Gasmasse abgibt ($-d'Q^*$), und zwar quasistatisch, welche Bedingung bekanntlich besagt, daß sich die Drucke und Temperaturen beiderseits der Begrenzung Gasmasse—Umgebung sich nur um infinitesimale Beträge unterscheiden*, so ist

$$(7) \qquad dS^* = -\frac{d'Q^*}{T} = -\frac{d'Q}{T},$$

worin $d'Q$ die von der Gasmasse quasistatisch aufgenommene Wärmemenge bedeutet. Die Verbindung von (6) und (7) ergibt:

$$(8) \qquad dS \geqq \frac{d'Q}{T},$$

wobei das Gleichheitszeichen nur bei völliger Reversibilität gilt; in diesem Falle bestimmt (8) mit Rücksicht auf (5):

$$(9) \qquad T\,dS = c_v\,dT + A\,p\,d\alpha$$

die Entropie der Gasmasse bis auf eine (für die Meteorologie irrelevante) additive Konstante.

§ 4. Thermodynamische Gleichgewichtsbedingungen; charakteristische thermodynamische Funktionen (thermodynamische Potentiale).

Im „thermodynamischen Gleichgewicht" befindet sich ein System, wenn eine infinitesimale virtuelle (d. h. mit den Bedingungen des Systems verträgliche) Zustandsänderung nur auf reversiblem Wege erfolgen kann; die hierzu notwendige Bedingung lautet:

$$(10) \qquad T\,\delta S \leqq \delta U + \delta' K,$$

denn hierdurch ist jede irreversible Zustandsänderung, für die ja $T\,\delta S > \delta U + \delta' K$ sein müßte, ausgeschlossen. Die obige Gleichgewichtsbedingung findet Anwendung in der atmosphärischen Statik (vgl. S. 58).

Folgende „thermodynamischen Potentiale", auch „charakteristische thermodynamische Funktionen" genannt, sind für die Meteorologie von Bedeutung:

$$(11\text{a}) \quad \psi_S = U + A \cdot p\,\alpha, \qquad \text{b)} \quad \psi_T = U - TS + A \cdot p\,\alpha = F + A \cdot p\,\alpha.$$

ψ_S heißt „GIBBSsche Wärmefunktion" oder „Enthalpie", ψ_T heißt GIBBSsches thermodynamisches Potential, darin ist $F = U - TS$ die „freie Energie".

---

* Jeder quasistatische Prozeß verläuft reversibel, dagegen ist nicht jeder reversible Vorgang ein quasistatischer.

Die Bedeutung dieser Funktionen für die dynamische Meteorologie beruht darauf, daß sie bei speziellen Zustandsänderungen eine bequeme Umformung des in hydrodynamischen Rechnungen auftretenden Ausdrucks $\frac{1}{\varrho}\,dp = \alpha\,dp$ (Arbeit der Druckkräfte) ermöglichen.

§ 5. Spezielle thermodynamische Zustandsänderungen; Polytropen; Kreisprozesse.

Durch Substitution des aus der Zustandsgleichung $p\alpha = RT$ folgenden Differentialausdrucks $p\,d\alpha = R\,dT - \alpha\,dp$ in (5) ergibt sich, da

$$\left(\frac{d'Q}{dT}\right)_p = c_p$$

die spezifische Wärme bei konstantem Druck definiert, die Beziehung

$$(12) \qquad\qquad c_p - c_v = AR,$$

deren Wert bekanntlich darauf beruht, daß sie eine Bestimmung von c_v ermöglicht, da wohl c_p, nicht aber c_v leicht experimentell ermittelt werden kann. Zur Abkürzung wird wie üblich gesetzt: $c_p/c_v = \varkappa\,(= 1{,}405)$.

Gewöhnlich ist bei meteorologischen Problemen die einer Luftmasse zugeführte Wärmemenge $d'Q$ nicht bekannt. Mit folgenden idealen Grenzfällen muß sich die dynamische Meteorologie daher behelfen, um den Term $p\,d\alpha$ in (5) integrabel zu machen:

a) Adiabatische Zustandsänderungen; $d'Q = 0$. Diese Bedingung entspricht dem Idealfall einer „adiabatisch abgeschlossenen" Luftmasse. Sie ist mit genügender Annäherung realisiert bei „rasch" verlaufenden atmosphärischen Vorgängen, z. B. bei Schwingungen, aber auch bei schnell verlaufenden Umschichtungen, überhaupt bei allen Bewegungen mit überwiegender Vertikalkomponente, infolge deren eine Luftmasse in kurzer Zeit großen Druckunterschieden unterworfen ist. Der Begriff „rasch" ist relativ zu nehmen; nach BARTELS[13] können selbst tagesperiodische atmosphärische Gezeiten noch als adiabatisch verlaufend angesehen werden.

$d'K = Ap\,d\alpha$ nimmt bei adiabatischen Zustandsänderungen nach (5) die Form $dK = -c_v \cdot dT$ oder allgemeiner $dK = -dU$ an.

Oft werden die durch $d'Q = 0$ charakterisierten Zustandsänderungen in der Meteorologie auch als „isentropische" ($dS = 0$) bezeichnet; aus (8) ist jedoch ersichtlich, daß trotz $d'Q = 0$ noch $dS > 0$ sein kann, wenn sich nämlich trotz fehlender äußerer Wärmezufuhr im Innern der betrachteten Gasmassen irreversible Prozesse (Dissipation mechanischer Energie in Wärme) abspielen. Die Bedingung der „Isentropie" $dS = 0$

---

[13] BARTELS, J.: Über die atmosphärischen Gezeiten. Abh. preuß. meteorol. Inst., Berlin Bd. 8 (1927) Nr. 9 — ferner: Gezeitenschwingungen in der Atmosphäre. Im Handb. d. Exper.-Physik (WIEN-HARMS) Bd. 25 I S. 163—210.

jst also noch spezieller als die der „Adiabasie" $d'Q = 0$, indem sie auch derartige Dissipationsprozesse ausschließt.

b) **Isotherme Zustandsänderungen**; $dT = 0$. Diese Bedingung entspricht dem Idealfall einer Luftmasse, die längere Zeit mit einem unendlich großen gleichmäßig temperierten Wärmereservoir in Verbindung steht und infolge nahezu horizontaler Ausbreitung nur geringen Druckänderungen unterworfen ist. Sie ist mit genügender Annäherung realisiert bei nahezu stationären oder langperiodischen (monatlichen, jahreszeitlichen) Luftströmungen großer Ausdehnung; JEFFREYS' Monsuntheorie[14] operiert mit dieser Annahme. Nahezu isotherm bewegen sich vielleicht auch die Luftmassen in den höheren Schichten eines Kaltlufteinbruchs*, selbst wenn die Kältewelle infolge Ausbreitung über wärmeren Ozeanen von der Meeresoberfläche her durch turbulenten Wärmeaustausch geheizt wird, denn es zeigte SCHWERDTFEGER[15], daß selbst bei einem anfänglichen Temperaturunterschied von 15° C zwischen Kaltluft und Oberflächenwasser die Luftschichten in 2,5 bis 3,0 km Höhe sich erst in 4 Tagen um 1° C erwärmen.

$d'K = Ap\,d\alpha$ nimmt bei isothermen Zustandsänderungen mittels der Gasgleichung $p\alpha = RT$ die integrable Form $dK = (c_p - c_v)\,d\ln\alpha$ oder allgemeiner $d'K = -dF$ an (F = freie Energie, vgl. S. 7).

Mittels der thermodynamischen Potentiale läßt sich der die Arbeit der Druckkräfte darstellende Term $\frac{1}{\varrho}\,dp = \alpha \cdot dp$ bei stationären isentropischen bzw. isothermen Bewegungen sehr einfach durch

$$(13) \qquad \alpha\,dp = d\psi_S \qquad \text{bzw.} \qquad \alpha\,dp = d\psi_T$$

darstellen.

Die adiabatische Bedingung $d'Q = 0$ ergibt die aus (5) mittels (1) und (12) resultierende Differentialgleichung der Adiabaten

$$0 = c_p\,d\ln T - (c_p - c_v)\,d\ln p,$$

auf deren Lösung

$$(14) \qquad \frac{T}{p^{\frac{\varkappa - 1}{\varkappa}}} = \text{konst.}$$

der Begriff der „potentiellen Temperatur" beruht (v. BEZOLD[16]). Da zwei sich unter verschiedenem Druck befindliche Luftquanten hinsicht-

---

[14] JEFFREYS, H.: On the dynamics of geostrophic winds. Quart. J. Roy. Meteorol. Soc., Lond. Bd. 52 (1926) S. 85—104.

* Solange derselbe nicht zusammensinkt („schrumpft"); die Zustandsänderungen infolge „Schrumpfens" sind dagegen wegen der ausgeprägten vertikalen Bewegungskomponente als adiabatische aufzufassen (vgl. S. 88).

[15] SCHWERDTFEGER, W.: Zur Theorie polarer Temperatur- und Luftdruckwellen. Veröff. geophys. Inst. Leipzig, 2. Serie Bd. 4 (1931) Heft 5.

[16] BEZOLD, W. v.: Zur Thermodynamik der Atmosphäre. S.-B. preuß. Akad. Wiss. 1888 S. 1189.

lich ihrer Temperatur nicht ohne weiteres vergleichbar sind, denkt man sie sich adiabatisch auf einen Normaldruck p_0 (760 mm Hg oder neuerdings 1000 mb = 750,1 mm Hg) gebracht, und die Temperatur, die sie dadurch annehmen, heißt potentielle Temperatur ϑ:

$$(15) \qquad \vartheta = T \cdot \left(\frac{p_0}{p}\right)^{\frac{\varkappa - 1}{\varkappa}}.$$

(Über die entsprechende Erweiterung des Begriffs der potentiellen Temperatur für feuchte Luft vgl. S. 14.)

Adiabatische und isotherme Zustandsänderungen sowie die für die Meteorologie weniger bedeutungsvollen isobaren (p = konst.), isochoren (α = konst.) oder isopyknen (ϱ = konst.) Prozesse können als Spezialfälle der von R. EMDEN[17] in die Meteorologie eingeführten „polytropen Zustandsänderungen" aufgefaßt werden, deren Bedeutung für meteorologische Probleme noch immer nicht erschöpfend gewürdigt wird. Eine Polytrope ist ein reversibler thermodynamischer Weg konstanter Wärmekapazität β ($-\infty \leqq \beta \leqq +\infty$); es ist also $dQ = \beta\, dT$, und damit ergibt sich die Gleichung der Polytropen durch Integration von (5) je nach Wahl der Variablen in der Form:

$$(16) \qquad \begin{cases} p\varrho^{-\frac{n+1}{n}} = p\,\alpha^{\frac{n+1}{n}} = \text{konst.}; \qquad T p^{-\frac{1}{n+1}} = \text{konst.}; \\[2ex] \qquad T\alpha^{\frac{1}{n}} = T\varrho^{-\frac{1}{n}} = \text{konst.}, \end{cases}$$

worin $n = (c_v - \beta)/(c_p - c_v)$ „Klasse der Polytropen" heißt.

Spezialfälle:
- $n = 1/\varkappa - 1$: Adiabatische Zustandsänderung,
- $n = \pm\infty$: Isotherme „ ,
- $n = -1$: Isobare „ ,
- $n = 0$: Isopykne bzw. isochore „ .

Die Arbeit der Druckkräfte wird bei stationären polytropen Zustandsänderungen der Klasse n einfach $\frac{1}{\varrho}\,dp = (n + 1)\,R\,dT$.

Die reversible oder irreversible Überführung eines Systems aus einem Anfangszustand über irgendwelche Zwischenzustände zurück in den Ausgangszustand heißt „Kreisprozeß". Besondere Wichtigkeit für theoretische Beweisführungen hat der reversibel geleitete „S. CARNOTsche Kreisprozeß" erlangt. Er besteht aus je einer

1. isothermen Dilatation (unter Wärmeaufnahme Q_1 bei der Temperatur T_1),
2. adiabatischen Dilatation,

---

[17] EMDEN, R.: Gaskugeln. Leipzig-Berlin 1907 — ferner: Thermodynamik der Himmelskörper. Enzykl. math. Wiss. Bd. 6 (2 B) Heft 2 S. 373—532.

3. isothermen Kompression (unter Wärmeabgabe Q_2 bei der Temperatur $T_2 < T_1$),

4. adiabatischen Kompression (Zurückführung in den Anfangs-.zustand)

und zeigt, daß die maximal zu gewinnende Arbeit $K = Q_1 - Q_2$ sich unabhängig von der Natur der arbeitenden Substanz zu

$$(17) \qquad K = Q_1 \frac{T_1 - T_2}{T_1} = Q_1 \overset{*}{\eta}_{\mathrm{max}}$$

ergibt; $\overset{*}{\eta}_{\mathrm{max}} = (T_1 - T_2)/T_1$ heißt „theoretischer Wirkungsgrad" des Kreisprozesses. Durch eine Summe derartiger CARNOTscher Kreisprozesse kann jeder beliebige reversible Kreisprozeß dargestellt werden. Zur graphischen Darstellung bedient man sich gewöhnlich der p, α-, T, α-, p, T-Diagramme.

Enthält ein Kreisprozeß irreversible Bestandteile, so ist der Wirkungsgrad $\eta < \eta_{\mathrm{max}}$. (Anwendung auf atmosphärische Kreisprozesse S. 50.)

§ 6. Thermodynamik feuchter Luft.

Bei einer gegebenen Temperatur T kann der Wasserdampfgehalt der Luft unter gewöhnlichen Umständen, d. h. bei Anwesenheit von (hygroskopischen oder elektrisch geladenen) „Kondensationskernen", einen gewissen, nur von T abhängenden Grenzwert nicht überschreiten, ohne daß Kondensation eintritt. Der diesem Grenzwert des Dampfgehalts entsprechende Partialdruck des Wasserdampfes heißt „Sättigungsdruck" oder „maximale Dampfspannung" e_m. Eine befriedigende rationelle Begründung der funktionellen Abhängigkeit $e_m(T)$ steht noch aus; die Meteorologie bedient sich vorwiegend der empirischen Formel von MAGNUS:

$$(18) \qquad \log e_m = \log 4,525 + \frac{7,4475\,(T - 273)}{(T - 38,33)}. \qquad (e_m \text{ in mm Hg})$$

Ist bei einer Temperatur T der Dampfdruck e kleiner als der zu dieser Temperatur gehörige Sättigungsdruck: $e < e_m(T)$, so heißt die Luft „ungesättigt" und $f = e/e_m$ (in Prozenten ausgedrückt) „relative Feuchtigkeit". Es existiert dann eine Temperatur $\tau < T$, bei der die vorhandene Dampfmenge doch zur Sättigung ($f = 1 = 100\%$) ausreichen würde: $e = e_m(\tau)$; τ heißt „Taupunkt".

Für ungesättigten Wasserdampf gilt mit großer Annäherung eine (1) analoge Zustandsgleichung:

$$(19) \qquad e = R'\,T\,\varrho',$$

in der ϱ' die Dichte des Wasserdampfes beim Druck e bedeutet; ferner ergaben die Messungen: $R' = 1,605\,R$ (R = Gaskonstante trockener Luft, vgl. S. 5). Der Gesamtdruck feuchter Luft (p^*) setzt sich additiv aus den Partialdrucken der trockenen Luft (p) und des Wasserdampfes (e) zusammen:

$$(20) \qquad p^* = p + e,$$

ebenso die Dichte:

$$(21) \qquad \varrho^* = \varrho + \varrho'.$$

Das Verhältnis $q = \varrho'/\varrho^*$ heißt „spezifische Feuchtigkeit", und damit ergibt sich aus (20) mit Rücksicht auf (1), (19) und (21) die „Zustandsgleichung feuchter Luft":

$$(22) \qquad p^* = R \varrho^* (1 + 0{,}605\, q)\, T.$$

Den Ausdruck $(1 + 0{,}605\, q)\, T$ nennen GULDBERG und MOHN „virtuelle Temperatur". Die Zustandsgleichung (22) kann auch als Verallgemeinerung der Zustandsgleichung (1) aufgefaßt werden, indem R durch $(1 - q) R + q R'$ ersetzt wird ($p \to p^*$, $\varrho \to \varrho^*$).

Bei kondensationsfreien atmosphärischen Zustandsänderungen und fehlenden Feuchtigkeitsquellen bleibt die spezifische Feuchtigkeit konstant und kann daher als Hilfsmittel zur Identifizierung von Luftkörpern dienen; durch e und p^* läßt sich q wie folgt berechnen [Division von (22) durch $e = R' T \varrho' = 1{,}605\, R T \varrho^* q$]:

$$(23) \qquad q = \frac{e}{1{,}605\, p^* - 0{,}605 \cdot e} = 0{,}622\, \frac{e}{p^*} + \cdots$$

Die Adiabatengleichung, z. B. in der Form

$$(24) \qquad 0 = c_p\, d\ln T - (c_p - c_v)\, d\ln p^*,$$

kann für die Aufgaben der dynamischen Meteorologie auch für ungesättigte Luft mit den für trockene Luft geltenden Konstanten c_p und c_v benutzt werden; nur für sehr exakte thermodynamische Rechnungen wäre die durch die spezifische Feuchtigkeit bestimmte Korrektion dieser Konstanten zu berücksichtigen.

1. Trockenstadium heißt bei adiabatisch aufsteigender feuchter Luft der Zustand $T > \tau$, in dem keine Kondensation eintreten kann; die mit Kondensationsprozessen verbundenen Zustandsänderungen feuchter Luft bei Temperaturen $T \leqq \tau$ pflegt die klassische Thermodynamik der Atmosphäre in weitere drei Stadien zu unterteilen:

2. Regenstadium. Es beginnt bei der Kondensationstemperatur und reicht bis zum Gefrierpunkt des Wassers. Die infolge der Expansionskraft der aufsteigenden Luft eintretende Abkühlung (vgl. S. 63) bedingt Kondensation des Wasserdampfes, also Abnahme der spezifischen Feuchtigkeit. Beträgt dieselbe dq (negativ), so wird die Kondensationswärme $-r \cdot dq$ der Masseneinheit feuchter Luft zugeführt ($r =$ Verdampfungswärme $= 597{,}83 - 0{,}6468\,(T - 273)$ cal/g):

$$-(25) \qquad -r\, dq = c_r\, dT + A\, p^*\, dx^* = c_p\, dT - A\, \alpha^*\, dp^*, \qquad (\alpha^* = 1/\varrho^*)$$

welche Gleichung wegen einiger Vernachlässigungen (betr. Flüssigkeits-
und Dampfwärme) jedoch nur in der Differentialform zu gebrauchen
ist. Für endliche Zustandsänderungen gilt genauer[18]:

$$(26) \qquad c_p \ln T - (c_p - \dot{c}_v) \ln p^* + \frac{r\, q_m}{T} = \text{konst.},$$

worin q_m die spezifische Feuchtigkeit bei Sättigung ($q_m = 0{,}622\, e_m/p^*$)
bedeutet.

3. **Hagelstadium.** Das kondensierte Wasser beginnt bei $0°$ C zu
gefrieren; das Gemisch Eis—flüssiges Wasser—feuchte Luft bleibt isotherm bei $0°$ und damit die Dampfspannung e_m konstant, bis alles
Wasser gefroren ist. (Über die Zustandsgleichung des Hagelstadiums
vgl. z. B. F. M. EXNER[19].)

4. **Schneestadium.** Nach Ausfrieren alles flüssigen Wassers tritt
Sublimation des Wasserdampfes an Eis ein; es gilt für dieses Stadium
eine (26) analoge thermodynamische Gleichung, in der an Stelle der
Verdampfungswärme r die Sublimationswärme (s = Verdampfungswärme + Schmelzwärme) tritt.

Wenn Zustandsänderungen der letzten drei Stadien von einem Endzustand an wieder rückwärts verlaufen, muß unterschieden werden,
ob 1. die Kondensationsprodukte vom aufsteigenden Luftstrom vollständig mitgeführt wurden, oder ob sie 2. ganz oder teilweise als Niederschläge herausgefallen sind. Im ersten Falle ist der Vorgang voll-
kommen umkehrbar, und die Luftmasse erreicht den Anfangszustand
mit der gleichen potentiellen Temperatur ϑ, die sie anfangs hatte. Im
zweiten Falle dagegen erreicht die Luftmasse trotz Fehlens äußerer
Wärmezufuhr den Ausgangspunkt mit höherer potentieller Temperatur
(vgl. S. 10); die Zustandsänderungen der letzten Art nannte v. BEZOLD[20]
daher „pseudoadiabatische".

Gibt man der Gleichung (26) die Form

$$(27) \qquad \text{konst.} = c_p \ln \overset{*}{\vartheta} + \frac{r\, q_m}{T},$$

so bedeutet

$$\overset{*}{\vartheta} = T \left(\frac{p_0}{\overset{*}{p}}\right)^{\frac{\varkappa - 1}{\varkappa}}$$

die nach der Formel (15) berechnete potentielle Temperatur für den
(barometrisch gemessenen) Gesamtdruck $\overset{*}{p} = p + e$. Man führe nun
durch die Definition

$$(28) \qquad \text{konst.} = c_p \ln \Theta_{r\,m}$$

---

[18] Bezüglich der exakten Gleichung vgl. J. E. FJELDSTAD: Graphische Methoden zur Ermittlung adiabatischer Zustandsänderungen feuchter Luft. Geofys.
Publ. Oslo Bd. 3 Nr. 13.

[19] EXNER, F. M.: Dynam. Meteorologie. 2. Aufl. S. 15. Wien 1925.

[20] BEZOLD, W. v.: Zur Thermodynamik der Atmosphäre. S.-B. preuß. Akad.
Wiss. 1888 S. 1189—1206.

eine neue Konstante Θ_{rm} für die betrachtete Zustandsänderung (27) ein, also

$$(29) \qquad c_p \ln \Theta_{rm} = c_p \ln \overset{*}{\vartheta} + \frac{r\,q_m}{T}.$$

Die sich dann aus[21]

$$(30) \qquad \Theta_{rm} = \overset{*}{\vartheta}\, e^{\frac{r\,q_m}{c_p\,T}}$$

ergebende Größe Θ_{rm} (von der Dimension einer Temperatur) heißt „äquivalent-potentielle Temperatur" der über Wasser gesättigt feuchten Luft. Wegen $\frac{r\,q_m}{c_p\,T} \ll 1$ ist nun näherungsweise:

$$(31) \qquad \Theta_{rm} = \overset{*}{\vartheta}\left(1 + \frac{r\,q_m}{c_p\,T}\right) = \left(\frac{p_0}{\overset{*}{p}}\right)^{\frac{\varkappa-1}{\varkappa}}\left(T + \frac{r\,q_m}{c_p}\right) = \left(\frac{p_0}{\overset{*}{p}}\right)^{\frac{\varkappa-1}{\varkappa}} \Omega_{rm},$$

wobei

$$(32) \qquad \Omega_{rm} = T + \frac{r\,q_m}{c_p}$$

die „Äquivalenttemperatur" der über Wasser gesättigt feuchten Luft bedeutet. Analog erhält man im Schneestadium

$$(33) \qquad \text{konst.} = c_p \ln \overset{*}{\vartheta} + \frac{s\,q_m}{T}$$

durch

$$(34) \qquad \text{konst.} = c_p \ln \Theta_{sm}$$

die äquivalent-potentielle Temperatur für Sättigung über Eis:

$$(35) \qquad \Theta_{sm} = \overset{*}{\vartheta}\, e^{\frac{s\,q_m}{c_p\,T}}$$

mit der Äquivalenttemperatur

$$(36) \qquad \Omega_{sm} = T + \frac{s\,q_m}{c_p}$$

der über Eis gesättigt feuchten Luft. Bezeichnen wir die spezifische Entropie im Trocken-, Regen- bzw. Schneestadium mit S, S_r bzw. S_s, so gelten also die analogen Beziehungen:

$$\text{Trockenstadium:} \quad 0 = dS \;= c_p\, d\ln \vartheta,$$
$$\text{Regenstadium:} \quad 0 = dS_r = c_p\, d\ln \Theta_{rm},$$
$$\text{Schneestadium:} \quad 0 = dS_s = c_p\, d\ln \Theta_{sm}.$$

Die äquivalent-potentiellen Temperaturen Θ_{rm} bzw. Θ_{sm} haben für die Meteorologie als Luftkörper-Invarianten Bedeutung.

In neuester Zeit ist die Thermodynamik der atmosphärischen Kondensationsprozesse durch Untersuchungen von H. KÖHLER um wichtige, in grundlegenden Punkten von der „klassischen" Behandlungsweise

---

[21] Vgl. C. G. ROSSBY: Thermodynamics applied to air mass analysis. Mass. Inst. of Technology Meteorol. Papers Bd. 1 Nr. 3. Cambridge (Mass.) 1932.

(HERTZ, V. BEZOLD, NEUHOFF) abweichende Ergebnisse bereichert worden. Die obige Einteilung des Kondensationsverlaufs in vier Stadien kann nach H. KÖHLER aus folgenden Gründen nicht aufrechterhalten werden: Seit den Untersuchungen von C. COULIER (1875), MASCART (1878), HELMHOLTZ (1887) und AITKEN (1888) wissen wir, daß Nebel beim Eintreten der Sättigung nur entsteht, wenn „Kondensationskerne" vorhanden sind, *es muß daher die Kondensation an einer bestimmten Anzahl im voraus gegebener Punkte stattfinden.* Die Kondensationskerne sind hygroskopisch; man hat zuerst an Stickstoffverbindungen wie Nitrate und Ammonium gedacht und erst später vermutet, daß auch die von den Ozeanen durch Verdunstung in die Atmosphäre übergegangenen Meeressalze, hauptsächlich Chloride, die Rolle der Kondensationskerne übernehmen können (MELANDER, LÜDELING, CONRAD). H. KÖHLER konnte nun durch zahlreiche Analysen von Nebelfrostablagerungen nachweisen, daß der in diesen Niederschlägen gefundene Chlorgehalt seiner Menge nach hinreichend ist, um über 80% aller atmosphärischen Kondensate zu erklären. Er konnte ferner zeigen, daß diese Salzkerne auch bei gewöhnlichen Feuchtigkeitsverhältnissen nicht austrocknen, sondern Wasser anziehen, so daß als Kondensationskerne mehr oder minder konzentrierte, sehr kleine Lösungströpfchen anzusehen sind. Da unter diesen Umständen auch in nicht gesättigter Luft Kondensation stattfinden muß, folgt somit: *Der Kondensationsverlauf ist kontinuierlich,* und die klassischen Voraussetzungen des Trocken- und Regenstadiums können daher nach H. KÖHLER nicht aufrechterhalten werden.

Teils durch direkte mikroskopische Untersuchung der Kondensate (ober- und unterhalb des Gefrierpunktes) auf Objektträgern, teils durch Beobachtung und Ausmessung der von der Sonne und von künstlichen Lichtquellen erzeugten Beugungsringe gelang KÖHLER der Nachweis, daß in den meisten Fällen im Nebel und in Wolken der Cu-, Ac- und Sc-Typen das Wasser auch bei Temperaturen unter $0°$ C in Form von Tropfen und nicht von Kristallen ausgeschieden war. Bestehen aber Nebel und (die genannten) Wolken auch unter $0°$ aus unterkühlten Wassertropfen, so kann die Voraussetzung des Hagelstadiums der klassischen Thermodynamik ebenfalls nicht allgemeingültig sein; auch die Schneebildung muß dann in anderer Weise erfolgen, als es die Darstellung des Schneestadiums fordert.

Als häufigste Chlormenge ergaben die Analysen KÖHLERS $3,591 \cdot 10^{-3}$ Gramm/Liter Wasser, aber auch andere Konzentrationen kommen vor, die sich alle aus dieser häufigsten Konzentration $3,591 \cdot 10^{-3}$ durch das „Zweier-Gesetz"

$$\text{Cl-Konzentration} = 3,591 \cdot 10^{-3} \cdot 2^p \qquad (p = \pm 1, 2, 3, \ldots)$$

ableiten lassen. Analoge Gesetzmäßigkeiten konnte KÖHLER für die Tropfengrößen feststellen. Insbesondere ähneln die Häufigkeitskurven der verschiedenen Tropfengrößen keineswegs der „Fehlerkurve", die die Verteilung zufälliger Größen bestimmt, sondern es treten eine Anzahl diskreter Maxima auf, die sich durch die Annahme erklären lassen, daß die Tropfen nach Erreichen einer gewissen Größe durch Zusammenfließen von je zwei Tröpfchen wachsen. Dieses Zusammenfließen ist ein irreversibler Prozeß, der mit Entropieerhöhung verbunden ist, wogegen die kontinuierliche Kondensation einen reversiblen Vorgang darstellt[22].

Die hier skizzierten Untersuchungen KÖHLERs sind zur Zeit noch Gegenstand eingehender Nachprüfungen[23].

Es sei hier am Schluß unserer Ausführungen über die Thermodynamik feuchter Luft noch bemerkt, daß sich die Meteorologie zur rechnerischen Behandlung der einschlägigen Aufgaben fast ausschließlich graphischer Methoden bedient[24].

§ 7. Exkurs über Strahlung.

Von der an der oberen „Grenze" der Atmosphäre bei senkrechter Inzidenz der Strahlen pro Flächen- und Zeiteinheit einfallenden solaren Energie von (im Mittel) 1,93 cal/cm²min („Solarkonstante"[25]) gehen im Mittel über die ganze Erde nur etwa 57% in den atmosphärischen Wärmehaushalt ein, da die „Energiealbedo" der Erde nach ALDRICH[26] 43% beträgt. Auf dem Wege durch die Atmosphäre wird die Strahlung geschwächt bzw. spektral verändert durch

---

[22] KÖHLER, H.: Zur Thermodynamik der Kondensation usw. Stat. met.-hydr. Anst. Stockh. Medd., Bd. 3 (1926) Nr. 6 — Zur Kondensation des Wasserdampfes in der Atmosphäre. Geofys. Publ. Oslo Bd. 2 Nr. 1 u. 6 — On water in the clouds. Ebenda Bd. 5 Nr. 1 — Über Tropfengruppen usw. Meteorol. Z. 1925 S. 463 — Das Zweier-Gesetz in der Verteilung der Hauptmaxima der Tropfengrößen fand zuerst A. DEFANT (1905). S.-B. Akad. Wiss. Wien, C Bd. 14 (IIa) S. 585—646.

[23] NIEDERDORFER, E.: Messungen der Größe der Regentropfen. Meteorol. Z. 1932 S. 1—14.

[24] NEUHOFF, O.: Adiabatische Zustandsänderungen feuchter Luft usw. Abh. preuß. meteorol. Inst. Berlin Bd. 1 (1900) Nr. 6. — FJELDSTAD, J. E.: Graphische Methoden zur Ermittlung adiabatischer Zustandsänderungen feuchter Luft. Geofys. Publ. Oslo Bd. 3 Nr. 13. — Die Adiabatentafel von G. STÜVE ist auch KOSCHMIEDERS Dynam. Meteorologie beigegeben. Ferner sei hingewiesen auf R. MOLLIER: Das IX-Diagramm für Dampfluftgemische. Festschr. z. 70. Geburtstag von A. STODOLA. Zürich 1929.

[25] Bezüglich der (geringen) zeitlichen Schwankungen der Solarkonstante vgl. z. B.: BARTELS, J.: Geophysikal. Nachweis von Veränderungen der Sonnenstrahlung. Erg. exakt. Naturwiss. Bd. 9 (1930) S. 38—78. — BAUR, FR.: Schwankungen der Solarkonstante. Z. Astrophys. Bd. 4 (1932) S. 180—189. — ABBOT, C. G., and G. T. BOND: Periodicity in Solar Variation. Smiths. Misc. Coll. Bd. 87 (1932) Nr. 9. — LINKE, F.: Die angeblichen Schwankungen der Solarkonstanten. Meteorol. Z. 1924 S. 74—78.

[26] ALDRICH, L. B.: The reflecting power of clouds. Ann. Astrophys. Obs. Smithson. Inst., Washington Bd. 4 (1922) S. 375—381.

1. **Absorption**, und zwar durch „spektral selektive Absorption"
von Ozon (O_3), H_2O (in flüssiger und Dampfphase), CO_2, und durch
„nichtselektive (graue) Absorption" an Kohlepartikeln usw. Der O_3-
Gehalt der höchsten Atmosphärenschichten bedingt das Abbrechen des
Spektrums bei 2900 Å.

2. **Streuung** durch die Molekeln der atmosphärischen Gase und
durch Kolloidbeimengungen; die dadurch bewirkte Schwächung erfolgt
nach Exponentialgesetzen, deren Exponent eine Funktion der Wellen-
länge λ ist. Speziell gilt bei Streuung durch Molekeln RAYLEIGHS λ^{-4}-
Gesetz, wodurch sich die blaue Farbe des Himmels als Folge mole-
kularer Schwankungserscheinungen in Volumenelementen von der
Größenordnung der Lichtwellenlängen erklärt (Unmöglichkeit vollstän-
diger Vernichtung der kurzwelligen Streustrahlung durch Interferenz[27]);
für die Streuung an gröberen Teilchen wird ein analoges λ^{-2}-Gesetz
angenommen[28]. Ein beträchtlicher Teil der Streustrahlung erreicht als
„diffuse Himmelsstrahlung" die Erdoberfläche.

Infolge der Streuprozesse ist die extraterrestrische Strahlungs-
intensität $J_\lambda(0)$ im Wellenlängenbereich $\lambda \pm \tfrac{1}{2}d\lambda$ nach Durchstrahlung
der Luftmasse m auf

$$J_\lambda(m) = J_\lambda(0)\, e^{-\alpha_\lambda m} \equiv J_\lambda(0)\, q_\lambda^m$$

gesunken (BEER-BOUGER-LAMBERTsches Gesetz); α_λ heißt „Extink-
tions-" und $q_\lambda = e^{-\alpha_\lambda}$ „Transmissionskoeffizient". Der Vorschlag von
LINKE[29], die atmosphärische Gesamttrübung mit Hilfe eines „Trübungs-
faktors" auf die Trübung einer reinen, trockenen Atmosphäre als Einheit zu beziehen, hat sich für die meteorologische Strahlungslehre als
außerordentlich fruchtbar erwiesen.

Ist k_λ der Absorptionskoeffizient der Luft für den Spektralbereich
$\lambda \pm \tfrac{1}{2}d\lambda$, so heißt $a_\lambda = k_\lambda \cdot \varrho \cdot dz = k_\lambda\, dm$ „Absorptionsvermögen"
einer Luftschicht der Dichte ϱ von der Dicke dz und der Masse $dm = \varrho\, dz$
pro Flächeneinheit; daher ist das „Emissionsvermögen" e_λ nach KIRCH-
HOFFS Gesetz $e_\lambda = a_\lambda E_\lambda$, worin E_λ das Emissionsvermögen eines voll-
kommen schwarzen Körpers gleicher Temperatur, durch PLANCKS Gesetz

$$(37) \qquad E_\lambda\, d\lambda = \frac{2\pi h c^2 \lambda^{-5}\, d\lambda}{e^{\frac{hc}{k\lambda T}} - 1}$$

(h, c, k = PLANCKsches Wirkungsquantum, Lichtgeschwindigkeit,
BOLTZMANNsche Konstante)

---

[27] BORN, M.: Moderne Physik. S. 19f. Berlin 1933.

[28] JENSEN, CHR.: Die Himmelstrahlung. Handb. d. Physik Bd. 19 S. 92.

[29] LINKE, FR.: Transmissionskoeffizient und Trübungsfaktor. Beitr. Physik
frei. Atmosph. Bd. 10 (1922) S. 91—103 — Optik der Atmosphäre (in B. GUTEN-
BERGS Lehrb. d. Geophysik, S. 650—693. Berlin 1929).

gegeben ist, aus dem durch Integration über alle Wellenlängen die in die Halbkugel emittierte Gesamtstrahlung

$$(38) \qquad E = \int_0^\infty E_\lambda \, d\lambda = \sigma T^4$$

(STEFAN-BOLTZMANNsches Gesetz; $\sigma = 5{,}77 \cdot 10^{-5}$ erg cm^{-2} sec^{-1} grad^{-4} $= 1{,}378 \cdot 10^{-12}$ cal cm^{-2} sec^{-1} grad^{-4}) und durch Differentiation das WIENsche Verschiebungsgesetz folgt:

$$(39) \qquad \lambda_{\max} \cdot T = 2{,}88 \cdot 10^7 \quad [\text{Å} \cdot \text{grad}],$$

wonach die Wellenlänge $\lambda_{\max}$ maximalster Ausstrahlung der absoluten Temperatur umgekehrt proportional ist. Hieraus ergibt sich, daß bei meteorologischen Temperaturen die Emission fast völlig ins ultrarote Gebiet fällt, ein theoretisch wichtiger Umstand, da in diesem Gebiet die festen Körper nahezu schwarz sind, mithin die Ausstrahlung des Erdbodens als Strahlung eines schwarzen Körpers der gleichen Temperatur behandelt werden kann.

Da durch selektive Absorption die Luft zur Quelle langwelliger Eigenstrahlung wird, durchsetzen eine horizontale Fläche in der Atmosphäre in der Höhe z folgende „vertikalen Strahlungsströme":

1. Abwärts gerichtete „Zustrahlung" $Z = \int_0^\infty Z_\lambda \, d\lambda$; setzt sich zusammen aus der kurzwelligen direkten Sonnen- und diffusen Himmelsstrahlung, sowie der langwelligen Eigenstrahlung der Luftschichten („atmosphärische Gegenstrahlung") oberhalb z.

2. Aufwärts gerichtete „Rückstrahlung" $R = \int_0^\infty R_\lambda \, d\lambda$; setzt sich zusammen aus der langwelligen Bodenstrahlung und der langwelligen Eigenstrahlung der Luftschichten unterhalb z.

Beim Durchsetzen der Masse $\varrho \, dz = dm$ wird nun z. B. die Rückstrahlung R_λ im Spektralbereich $\lambda \pm \frac{1}{2} d\lambda$ um $-k_\lambda R_\lambda \, dm$ geschwächt und die Eigenstrahlung um $+a_\lambda E_\lambda = k_\lambda E_\lambda \, dm$ erhöht, so daß gilt:

$$(40) \qquad \begin{cases} \qquad\qquad \dfrac{dR_\lambda}{dm} = -k_\lambda R_\lambda + k_\lambda E_\lambda \\[2mm] \text{und analog:} \quad \dfrac{dZ}{dm} = +k_\lambda Z_\lambda - k_\lambda E_\lambda \end{cases}$$

(„SCHWARZSCHILDsche Strahlungsgleichungen"[30]).

„Strahlungsgleichgewicht" existiert, wenn allein durch Strahlungsprozesse die Temperatur in dm nicht verändert wird. Dazu ist notwendig, daß die Schicht dm nach beiden Seiten genau soviel Eigenstrah-

---

[30] SCHWARZSCHILD, K.: Über das Gleichgewicht der Sonnenatmosphäre. Nachr. Ges. Wiss. Göttingen 1906.

lung emittiert, wie sie durch Ein- und Rückstrahlung absorbiert; die analytische Bedingung des Strahlungsgleichgewichts lautet also:

$$(41) \qquad 2\int_0^\infty k_\lambda E_\lambda \, d\lambda = \int_0^\infty k_\lambda (Z_\lambda + R_\lambda) \, d\lambda .$$

Dann ist die Differenz der ab- und aufsteigenden Energieströme unabhängig von m:

$$(42) \qquad \frac{d}{dm}\int_0^\infty (Z_\lambda - R_\lambda) \, d\lambda = 0 ,$$

wie sich aus (40) mit Rücksicht auf (41) leicht ergibt.

Die vorstehenden Gleichungen bilden die Grundlagen der Theorie des Wärmehaushalts der Stratosphäre[31] (vgl. S. 75). Eine nützliche Zusammenstellung von Formeln der meteorologischen Strahlungslehre gab LINKE[32].

§ 8. Die Grundgleichungen der Hydrodynamik.

Bemerkungen zur Bezeichnungsweise: Da in der dynamischen Meteorologie wegen der durch die Schwerkraft bedingten Asymmetrie der Gleichungen die Aufspaltung der in der Bezeichnungsweise der gewöhnlichen Vektoranalysis ausgedrückten Vektor- und Tensorrelationen fast unumgänglich notwendig ist[33], benutzen wir im folgenden die Bezeichnungsweise der koordinatenmäßigen Darstellung der Vektoranalysis, die mit äußerster Kürze der Schreibweise den Vorteil verbindet, die Komponentenzerlegung unmittelbar erkennen zu lassen. (Für den mit der Bezeichnungsweise noch nicht vertrauten meteorologischen Leser sei der Hinweis auf das zur Einführung sehr geeignete Buch von H. JEFFREYS, Cartesian Tensors*, gestattet.)

Wir benutzen zunächst ein orthogonales kartesisches Koordinatensystem (Rechtssystem) mit den Achsen x_i ($i = 1, 2, 3$) und sehen von der Erdrotation ab („Inertialsystem"); die Komponenten der Strömungsgeschwindigkeit seien v_i; V bezeichne das Potential der äußeren Kräfte. δ_{jk} ist der „Einheitstensor"

$$\delta_{jk} = \begin{cases} 1, & j = k, \\ 0, & j \neq k \end{cases}$$

[31] TICHANOWSKI, J., u. R. MÜGGE: Wärmehaushalt der Stratosphäre. Handb. d. Geophysik, herausgeg. von B. GUTENBERG, Bd. 9 (1932) S. 146—171.

[32] LINKE, F.: Grundlagen, Einheiten und Formeln der atmosphärischen Strahlungsforschung. Meteorol. Taschenbuch, 2. Ausg. S. 21—45. Leipzig 1933.

[33] Vgl. H. KOSCHMIEDER: Dynam. Meteorol. S. VI. — ERTEL, H.: Zu den Vorschlägen zur Vereinheitlichung der Vektor- und Tensorschreibweise in der Meteorologie. Meteorol. Z. 1933 S. 190—192.

* Cambridge 1931; VI, 92 S.

und ε_{jkl} der „alternierende Tensor" (dritten Ranges)

$$\varepsilon_{jkl} = \begin{cases} +1, & \text{wenn die Indizes zyklisch aufeinanderfolgen,} \\ -1, & \quad\text{,,} \quad\quad\text{,,} \quad\quad\text{,, nicht zyklisch} \quad\quad\text{,,} \\ 0, & \quad\text{,, zwei Indizes übereinstimmen.} \end{cases}$$

Ferner gilt die übliche Summationsvorschrift: Über in einem Term doppelt auftretende Indizes ist (ohne Ausschreibung des Summenzeichens) von 1 bis 3 zu summieren [z. B. $-p(n)_i = S_{ik}a(n)_k = S_{i1}a(n)_1 + S_{i2}a(n)_2 + S_{i3}a(n)_3$; das sind 3 Gleichungen für $i = 1, 2, 3$]. Ein in einem Term doppelt auftretender Index kann also durch einen beliebigen anderen (noch nicht verwendeten) ersetzt werden (z. B.: $v_i dx_i = v_j dx_j = v_1 dx_1 + v_2 dx_2 + v_3 dx_3$). Ist ω_{jk} ein „antimetrischer Tensor", d. h. $\omega_{jk} = -\omega_{kj}$ ($\omega_{jk} = 0$ für $j = k$), so ist die Doppelsumme $\omega_{jk}v_j v_k = 0$, da jedes Glied mit „gemischten" Indizes (z. B. $\omega_{12}v_1 v_2$) auch mit entgegengesetztem Vorzeichen vorkommt ($\omega_{21}v_2 v_1 = -\omega_{12}v_2 v_1$) und die Terme mit übereinstimmenden Indizes wegen $\omega_{11} = \omega_{22} = \omega_{33} = 0$ verschwinden.

EULERsche Form der hydrodynamischen Bewegungsgleichungen. In einer strömenden „zähen" Flüssigkeit sind die Komponenten des Druckes $p(n)_i$ auf ein Flächeneinheitselement mit der Normalen n in der durch $\cos(n, x_k) = a(n)_k$ bestimmten Richtung durch die „lineare Vektorfunktion"

$$(43) \qquad p(n)_i = -S_{ik}a(n)_k$$

gegeben; S_{ik} heißt „Spannungstensor". Er ist „symmetrisch": $S_{ik} = S_{ki}$ (6 Komponenten), was durch Anwendung des Momentensatzes auf ein infinitesimales Parallelepiped bewiesen wird. Der Druckkraft auf eine das Volumen τ umschließende Oberfläche σ: $\iint p(n)_i d\sigma = -\iint S_{ik}a(n)_k d\sigma$, ist die Volumkraft $+\iiint \frac{\partial S_{ik}}{\partial x_k} d\tau$ äquivalent, so daß das NEWTONsche Axiom: Kraft = zeitliche Änderung des Impulses, auf die Masse $\iiint \varrho \, d\tau$ angewandt, sofort ergibt:

$$(44) \qquad \frac{d}{dt}\iiint \varrho v_i d\tau = \iiint \varrho \frac{dv_i}{dt} d\varepsilon = -\iiint \varrho \frac{\partial V}{\partial x_i} d\tau + \iiint \frac{\partial S_{ik}}{\partial x_k} d\tau$$

oder

$$(45) \qquad \frac{dv_i}{dt} = -\frac{\partial V}{\partial x_i} - \frac{1}{\varrho}\frac{\partial S_{ik}}{\partial x_k},$$

da das Volumen beliebig angenommen werden konnte. Dabei wurde in (44) zur Umformung des Terms $\frac{d}{dt}\iiint \varrho v_i d\varepsilon$ (vgl. weiter unten) von der „Kontinuitätsgleichung"

$$(46) \qquad \frac{\partial \varrho}{\partial t} + \frac{\partial(\varrho v_k)}{\partial x_k} = 0 \qquad \text{oder} \qquad \frac{d\varrho}{\varrho \, dt} + \frac{\partial v_k}{\partial x_k} = 0$$

Gebrauch gemacht. Die analytische Bedingung der Konstanz der Masse lautet nämlich:

$$\text{(47)} \qquad \frac{d}{dt} \iiint \varrho \, d\tau = \iiint \frac{\partial \varrho}{\partial t} \, d\tau + \iint \varrho \, v_n \, d\sigma = 0 \,,$$

worin der erste Term rechts die „lokale" zeitliche Massenänderung bei festgehaltenem Volumen, der zweite Term die mit einer Deformation der Oberfläche ($n = $ äußere Normale) verbundene „konvektive" Änderung bedeutet. Mit Hilfe des Satzes von GAUSS:

$$\text{(48)} \qquad \iint \varrho \, v_n \, d\sigma = \iiint \frac{\partial (\varrho \, v_k)}{\partial x_k} \, d\tau$$

folgt aus (47) die Kontinuitätsgleichung (46), da das Volumen beliebig war. Für „inkompressible" Flüssigkeiten ist in (46) $d\varrho/dt = 0$.

Der Operator $\dfrac{d}{dt} = \dfrac{\partial}{\partial t} + v_k \dfrac{\partial}{\partial x_k}$ bedeutet die „substantielle" (oder „individuelle") Änderung einer der strömenden Materie zukommenden Eigenschaft in der Zeiteinheit, $\partial/\partial t$ die derselben Zeit entsprechende „lokale" Änderung an einem raumfesten Punkt; es definiert $\partial/\partial t = 0$ einen „stationären" Zustand.

Die auch für spätere Anwendungen wichtige Umformung:

$$\text{(49)} \qquad \frac{d}{dt} \iiint \varrho \, \psi \, d\tau = \iiint \varrho \, \frac{d\psi}{dt} \, d\tau$$

[in (44) für $\psi = v_i$ benutzt] beweist man wie folgt:

$$\frac{d}{dt} \iiint \varrho \, \psi \, d\tau = \iiint \frac{\partial (\varrho \psi)}{\partial t} \, d\tau + \iint \varrho \, \psi \, v_n \, d\sigma = \iiint \varrho \, \frac{\partial \psi}{\partial t} \, d\tau + \iiint \psi \, \frac{\partial \varrho}{\partial t} \, d\tau$$

$$+ \iiint \frac{\partial (\psi \varrho \, v_k)}{\partial x_k} \, d\tau = \iiint \varrho \left(\frac{\partial \psi}{\partial t} + v_k \frac{\partial \psi}{\partial x_k} \right) d\tau$$

$$+ \iiint \psi \left(\frac{\partial \varrho}{\partial t} + \frac{\partial \varrho \, v_k}{\partial x_k} \right) d\tau = \iiint \varrho \, \frac{d\psi}{dt} \, d\tau$$

mit Rücksicht auf (46).

Für viele meteorologische Anwendungen genügt es, die Luft als „ideale Flüssigkeit" zu behandeln; dann reduziert sich der Spannungstensor S_{ik} auf $S_{ik} = -p \, \delta_{ik}$, worin p den skalaren, von der Richtungsorientierung des Flächeneinheitselements unabhängigen Druck bedeutet. Die Gleichungen (45) nehmen dann die „EULERsche" Form

$$\text{(50)} \qquad \frac{\partial v_i}{\partial t} + v_k \frac{\partial v_i}{\partial x_k} = -\frac{\partial V}{\partial x_i} - \frac{1}{\varrho} \frac{\partial p}{\partial x_i}$$

an, von der auch folgende Umformung gebräuchlich ist:

$$\frac{\partial v_i}{\partial t} + \frac{\partial}{\partial x_i} \left(\frac{1}{2} v_k^2 \right) - v_k \left(\frac{\partial v_k}{\partial x_i} - \frac{\partial v_i}{\partial x_k} \right) = -\frac{\partial V}{\partial x_i} - \frac{1}{\varrho} \frac{\partial p}{\partial x_i} \,.$$

Darin bedeutet $\frac{1}{2} v_k^2$ (über k ist zu summieren!) die kinetische Energie der Masseneinheit. Das Verschwinden aller Größen

$\dfrac{\partial v_k}{\partial x_i} - \dfrac{\partial v_i}{\partial x_k} \left(= \varepsilon_{jkl} \dfrac{\partial v_l}{\partial x_k} \right)$ definiert eine „Potentialströmung"; dann existiert nämlich ein „Geschwindigkeitspotential" G, aus dem sich die Geschwindigkeitskomponenten gemäß $v_i = \partial G / \partial x_i$ ableiten lassen.

Folgende Grenzbedingungen müssen erfüllt werden: 1. Stetigkeit des Druckes p beiderseits einer „Diskontinuitätsfläche" $F(x_i, t) = 0$, welche Luftmassen verschiedener Dichte und Temperatur voneinander trennt („dynamische Grenzbedingung"); 2. an der Diskontinuitätsfläche müssen die Geschwindigkeitskomponenten v_k der Strömung die Gleichung $\dfrac{\partial F}{\partial t} + v_k \dfrac{\partial F}{\partial x_k} = 0$ befriedigen, oder im Spezialfall zeitunabhängiger Grenzflächen: $v_n = v_k \cdot \cos(n, x_k) = 0$ („kinematische Grenzbedingung")*.

Zur Bestimmung der sechs Größen v_i $(i = 1, 2, 3)$, p, T, ϱ für trockene Luft stehen also folgende sechs Gleichungen zur Verfügung, Die drei Bewegungsgleichungen (50), die Kontinuitätsgleichung (46), die Zustandsgleichung (1) und eine thermodynamische Gleichung [z. B. Gleichung (5) bei gegebenem $d'Q$]; ist für feuchte Luft auch noch die spezifische Feuchtigkeit q zu bestimmen, so muß eine weitere thermodynamische Gleichung hinzugezogen werden[34]. Die vollständige Integration dieses Gleichungssystems ist bis jetzt noch in keinem Falle geglückt.

Lagrangesche Form der hydrodynamischen Bewegungsgleichungen. Mittels der Eulerschen Gleichungen wird die Flüssigkeitsbewegung in jedem Raumpunkt x_i als Funktion der Zeit t beschrieben, wobei die materiellen Flüssigkeitspartikel wechseln, die im Verlaufe der Zeit ein infinitesimales Volumenelement $d\tau$ um den Punkt x_i einnehmen. Für manche Probleme, z. B. für die Behandlung von Schwingungen um Gleichgewichtslagen, ist es zweckmäßiger, die Lagrangesche Form[35] der hydrodynamischen Gleichungen zugrunde zu legen, mittels deren die jeweiligen Koordinaten $x_i(a_1, a_2, a_3, t)$ eincs bestimmten Flüssigkeitsteilchens als Funktionen der Anfangskoordinaten a_i und der Zeit festgelegt werden. Hier sind die Geschwindigkeitskomponenten: $\dfrac{\partial x_i}{\partial t}$, die Beschleunigungen $\dfrac{\partial^2 x_i}{\partial t^2}$, und die Bewegungsgleichungen lauten:

$$(51) \qquad \frac{\partial^2 x_j}{\partial t^2} \cdot \frac{\partial x_j}{\partial a_i} = -\frac{\partial V}{\partial a_i} - \frac{1}{\varrho} \frac{\partial p}{\partial a_i},$$

---

* Betreffs anderer Formulierung der Grenzbedingungen vgl. auch S. 109, sowie V. Bjerknes: Über die hydrodynamischen Gleichungen usw. Geofys. Publ. Oslo Bd. 5 Nr. 11 — ferner: Physikalische Hydrodynamik. S. 60ff., 102ff. Berlin 1933.

[34] Bjerknes, V.: Wettervorhersage. Physik. Z. Bd. 23 (1922) S. 481—490.

[35] Bekanntlich geht auch diese Form der hydrodynamischen Gleichungen auf L. Euler zurück; vgl. z. B. H. Lamb: Lehrb. d. Hydrodynamik, 2. Aufl. der deutschen Ausgabe. S. 2. Leipzig-Berlin 1931. — Riemann-Weber: Die partiellen Differentialgleichungen der mathematischen Physik. 6. Aufl. Bd. 2 S. 417. Braunschweig 1919.

während die Konstanz der Masse

$$\int\int\int \varrho_0\, da_1\, da_2\, da_3 = \int\int\int \varrho\, dx_1\, dx_2\, dx_3 = \int\int\int \varrho\, \Theta\, da_1\, da_2\, da_3$$

die Kontinuitätsbedingung in der Form

$$(52) \qquad\qquad \varrho_0 = \varrho\, \Theta$$

ergibt, worin ϱ_0 den Anfangswert der Dichte und Θ die Funktionaldeterminante $\Theta = \dfrac{\partial(x_1,\,x_2,\,x_3)}{\partial(a_1,\,a_2,\,a_3)}$ bedeutet; bei inkompressiblen Flüssigkeiten reduziert sich (52) auf $\Theta = 1$. Für ein bestimmtes Wertsystem der a_i müssen die x_i stetige Funktionen der Zeit t und für einen bestimmten Wert von t auch stetige Funktionen der a_i sein; schließlich muß die Beziehung zwischen den x_i und a_i eindeutig sein, damit nicht derselbe Raumpunkt gleichzeitig von verschiedenen Flüssigkeitsteilchen eingenommen wird.

Zwischen der LAGRANGEschen und der EULERschen Form der hydrodynamischen Gleichungen besteht ein einfacher operatorenmäßiger Zusammenhang. Bezeichnen wir mit $x_1,\,x_2,\,x_3 \equiv x,\,y,\,z$ die EULERschen Ortskoordinaten, mit $a_1,\,a_2,\,a_3 \equiv a,\,b,\,c$ die LAGRANGEschen Numerierungskoordinaten der einzelnen Flüssigkeitspartikel, so lauten die Gleichungen (51) und (52), unter $X,\,Y,\,Z$ die Komponenten der äußeren Kraft verstanden, die jetzt nicht notwendig aus einem Potential V ableitbar zu sein braucht:

$$(53) \quad \begin{cases} \left(X - \dfrac{\partial^2 x}{\partial t^2}\right)\dfrac{\partial x}{\partial a} + \left(Y - \dfrac{\partial^2 y}{\partial t^2}\right)\dfrac{\partial y}{\partial a} + \left(Z - \dfrac{\partial^2 z}{\partial t^2}\right)\dfrac{\partial z}{\partial a} = \dfrac{1}{\varrho}\dfrac{\partial p}{\partial a}, \\[2.5ex] \left(X - \dfrac{\partial^2 x}{\partial t^2}\right)\dfrac{\partial x}{\partial b} + \left(Y - \dfrac{\partial^2 y}{\partial t^2}\right)\dfrac{\partial y}{\partial b} + \left(Z - \dfrac{\partial^2 z}{\partial t^2}\right)\dfrac{\partial z}{\partial a} = \dfrac{1}{\varrho}\dfrac{\partial p}{\partial b}, \\[2.5ex] \left(X - \dfrac{\partial^2 x}{\partial t^2}\right)\dfrac{\partial x}{\partial c} + \left(Y - \dfrac{\partial^2 y}{\partial t^2}\right)\dfrac{\partial y}{\partial c} + \left(Z - \dfrac{\partial^2 z}{\partial t^2}\right)\dfrac{\partial z}{\partial c} = \dfrac{1}{\varrho}\dfrac{\partial p}{\partial c} \end{cases}$$

und

$$(54) \qquad \Theta = \begin{vmatrix} \dfrac{\partial x}{\partial a} & \dfrac{\partial y}{\partial a} & \dfrac{\partial z}{\partial a} \\[2ex] \dfrac{\partial x}{\partial b} & \dfrac{\partial y}{\partial b} & \dfrac{\partial z}{\partial b} \\[2ex] \dfrac{\partial x}{\partial c} & \dfrac{\partial y}{\partial c} & \dfrac{\partial z}{\partial c} \end{vmatrix} = \dfrac{\varrho_0}{\varrho}.$$

Aus vorstehenden Gleichungen folgt:

$$(55) \quad \begin{cases} \varrho_0\left(X - \dfrac{\partial^2 x}{\partial t^2}\right) = \left(D_{xa}\dfrac{\partial}{\partial a} + D_{xb}\dfrac{\partial}{\partial b} + D_{xc}\dfrac{\partial}{\partial c}\right)p, \\[2.5ex] \varrho_0\left(Y - \dfrac{\partial^2 y}{\partial t^2}\right) = \left(D_{ya}\dfrac{\partial}{\partial a} + D_{yb}\dfrac{\partial}{\partial b} + D_{yc}\dfrac{\partial}{\partial c}\right)p, \\[2.5ex] \varrho_0\left(Z - \dfrac{\partial^2 z}{\partial t^2}\right) = \left(D_{za}\dfrac{\partial}{\partial a} + D_{zb}\dfrac{\partial}{\partial b} + D_{zc}\dfrac{\partial}{\partial c}\right)p, \end{cases}$$

worin

$$(56) \quad \begin{cases} D_{xa} = \dfrac{\partial y}{\partial b}\dfrac{\partial z}{\partial c} - \dfrac{\partial y}{\partial c}\dfrac{\partial z}{\partial b}, \\[2mm] D_{ya} = \dfrac{\partial z}{\partial b}\dfrac{\partial x}{\partial c} - \dfrac{\partial z}{\partial c}\dfrac{\partial x}{\partial b} \quad \text{usw.} \end{cases}$$

die Unterdeterminanten von Θ bedeuten, die den Gleichungen

$$(57) \quad \begin{cases} \dfrac{\partial D_{xa}}{\partial a} + \dfrac{\partial D_{xb}}{\partial b} + \dfrac{\partial D_{xc}}{\partial c} = 0, \\[2mm] \dfrac{\partial D_{ya}}{\partial a} + \dfrac{\partial D_{yb}}{\partial b} + \dfrac{\partial D_{yc}}{\partial c} = 0, \\[2mm] \dfrac{\partial D_{za}}{\partial a} + \dfrac{\partial D_{zb}}{\partial b} + \dfrac{\partial D_{zc}}{\partial c} = 0, \end{cases}$$

sowie

$$(58) \quad \begin{cases} \dfrac{\partial x}{\partial a} D_{xa} + \dfrac{\partial x}{\partial b} D_{xb} + \dfrac{\partial x}{\partial c} D_{xc} = \dfrac{\varrho_0}{\varrho}, \\[2mm] \dfrac{\partial y}{\partial a} D_{xa} + \dfrac{\partial y}{\partial b} D_{xb} + \dfrac{\partial y}{\partial c} D_{xc} = 0, \\[2mm] \dfrac{\partial z}{\partial a} D_{xa} + \dfrac{\partial z}{\partial b} D_{xb} + \dfrac{\partial z}{\partial c} D_{xc} = 0, \end{cases}$$

und entsprechenden Gleichungen für D_{ya}, D_{yb}, D_{yc}, D_{za}, D_{zb}, D_{zc} genügen.

Der Vergleich der EULERschen Form

$$\varrho\left(X - \frac{dv_x}{dt}\right) = \frac{\partial p}{\partial x}$$

mit der LAGRANGEschen Form

$$\varrho_0\left(X - \frac{\partial^2 x}{\partial t^2}\right) = \left(D_{xa}\frac{\partial}{\partial a} + D_{xb}\frac{\partial}{\partial b} + D_{xc}\frac{\partial}{\partial c}\right) p$$

(und entsprechend in den y- und z-Komponenten) zeigt dann, daß folgende Größen bzw. Operatoren einander entsprechen (linke Seite in EULERschen, rechte Seite in LAGRANGEschen Variablen):

$$\begin{cases} v_x = \dfrac{\partial x}{\partial t}, \\[2mm] \dfrac{dv_x}{dt} = \dfrac{\partial^2 x}{\partial t^2}. \end{cases}$$

$$(59) \quad \begin{cases} \dfrac{\partial}{\partial x} = \dfrac{\varrho}{\varrho_0}\left(D_{xa}\dfrac{\partial}{\partial a} + D_{xb}\dfrac{\partial}{\partial b} + D_{xc}\dfrac{\partial}{\partial c}\right), \\[2mm] \dfrac{\partial}{\partial y} = \dfrac{\varrho}{\varrho_0}\left(D_{ya}\dfrac{\partial}{\partial a} + D_{yb}\dfrac{\partial}{\partial b} + D_{yc}\dfrac{\partial}{\partial c}\right), \\[2mm] \dfrac{\partial}{\partial z} = \dfrac{\varrho}{\varrho_0}\left(D_{za}\dfrac{\partial}{\partial a} + D_{zb}\dfrac{\partial}{\partial b} + D_{zc}\dfrac{\partial}{\partial c}\right), \end{cases}$$

und daß wegen (57) die LAGRANGEschen Bewegungsgleichungen auch

$$(60) \quad \begin{cases} \varrho_0\left(X - \dfrac{\partial^2 x}{\partial t^2}\right) = \dfrac{\partial}{\partial a}(p\,D_{xa}) + \dfrac{\partial}{\partial b}(p\,D_{xb}) + \dfrac{\partial}{\partial c}(p\,D_{xc}), \\[2mm] \varrho_0\left(Y - \dfrac{\partial^2 y}{\partial t^2}\right) = \dfrac{\partial}{\partial a}(p\,D_{ya}) + \dfrac{\partial}{\partial b}(p\,D_{yb}) + \dfrac{\partial}{\partial c}(p\,D_{yc}), \\[2mm] \varrho_0\left(Z - \dfrac{\partial^2 z}{\partial t^2}\right) = \dfrac{\partial}{\partial a}(p\,D_{za}) + \dfrac{\partial}{\partial b}(p\,D_{zb}) + \dfrac{\partial}{\partial c}(p\,D_{zc}) \end{cases}$$

geschrieben werden können, während die Kontinuitätsgleichung (54) mit

$$(61) \quad \begin{cases} w_a = \dfrac{\partial x}{\partial t}\,D_{xa} + \dfrac{\partial y}{\partial t}\,D_{ya} + \dfrac{\partial z}{\partial t}\,D_{za}, \\[2mm] w_b = \dfrac{\partial x}{\partial t}\,D_{xb} + \dfrac{\partial y}{\partial t}\,D_{yb} + \dfrac{\partial z}{\partial t}\,D_{zb}, \\[2mm] w_c = \dfrac{\partial x}{\partial t}\,D_{xc} + \dfrac{\partial y}{\partial t}\,D_{yc} + \dfrac{\partial z}{\partial t}\,D_{zc} \end{cases}$$

auf die Form

$$(62) \quad -\frac{\varrho_0}{\varrho^2}\,\frac{\partial \varrho}{\partial t} = \frac{\partial}{\partial t}\left(\frac{\varrho_0}{\varrho}\right) = \frac{\partial w_a}{\partial a} + \frac{\partial w_b}{\partial b} + \frac{\partial w_c}{\partial c}$$

gebracht werden kann, die der EULERschen Kontinuitätsgleichung

$$-\frac{d\varrho}{\varrho\,dt} = \frac{\partial v_x}{\partial x} + \frac{\partial v_y}{\partial y} + \frac{\partial v_z}{\partial z}$$

entspricht. Es ist nämlich

$$(63) \quad \begin{cases} \dfrac{\partial \psi}{\partial x} = \dfrac{\varrho}{\varrho_0}\left\{\dfrac{\partial(\psi\,D_{xa})}{\partial a} + \dfrac{\partial(\psi\,D_{xb})}{\partial b} + \dfrac{\partial(\psi\,D_{xc})}{\partial c}\right\}, \\[2mm] \dfrac{\partial \psi}{\partial y} = \dfrac{\varrho}{\varrho_0}\left\{\dfrac{\partial(\psi\,D_{ya})}{\partial a} + \dfrac{\partial(\psi\,D_{yb})}{\partial b} + \dfrac{\partial(\psi\,D_{yc})}{\partial c}\right\}, \\[2mm] \dfrac{\partial \psi}{\partial z} = \dfrac{\varrho}{\varrho_0}\left\{\dfrac{\partial(\psi\,D_{za})}{\partial a} + \dfrac{\partial(\psi\,D_{zb})}{\partial b} + \dfrac{\partial(\psi\,D_{zc})}{\partial c}\right\}, \end{cases}$$

worin die Funktion ψ auf der linken Seite durch die EULERschen Variablen x, y, z, t und auf der rechten Seite durch die LAGRANGEschen Variablen a, b, c, t dargestellt zu denken ist. Die gemischten Operatoren $\dfrac{\partial^2}{\partial x_i\,\partial x_j}$ $(i, j = 1, 2, 3)$ sind kommutierbar: $\dfrac{\partial^2}{\partial x_i\,\partial x_j} = \dfrac{\partial^2}{\partial x_j\,\partial x_i}$, wenn die Ableitungen $\dfrac{\partial^2 a_\alpha}{\partial x_i\,\partial x_j}$ und $\dfrac{\partial^2 a_\alpha}{\partial x_j\,\partial x_i}$ existieren und stetig sind $[a_\alpha\,(x = 1, 2, 3) \equiv a_1, a_2, a_3 \equiv a, b, c]$, denn es ist

$$\frac{\partial^2}{\partial x_i\,\partial x_j} = \frac{\partial^2 a_\alpha}{\partial x_i\,\partial x_j}\,\frac{\partial}{\partial a_\alpha} + \frac{\partial a_\alpha}{\partial x_i}\,\frac{\partial a_\beta}{\partial x_j}\,\frac{\partial^2}{\partial a_\alpha\,\partial a_\beta}$$

(über α und β ist von 1 bis 3 zu summieren). Speziell gilt für die Transformation des LAPLACEschen Operators

$$\varDelta = \frac{\partial^2}{\partial x^2} + \frac{\partial^2}{\partial y^2} + \frac{\partial^2}{\partial z^2} = \frac{\partial^2}{\partial x_j^2},$$

auf LAGRANGEsche Variable:

$$(64) \qquad \Delta \psi = \frac{\varrho}{\varrho_0} \frac{\partial}{\partial a_\alpha} \left(\frac{\varrho}{\varrho_0} D_{j\alpha} D_{j\beta} \frac{\partial \psi}{\partial a_\beta} \right)$$

(über α, β, j ist von 1 bis 3 zu summieren), womit z. B. die Möglichkeit gegeben ist, den NAVIER-STOKESschen Reibungsterm direkt in LAGRANGEschen Variablen auszudrücken. Man erhält so z. B. für die Bewegungsgleichungen zäher inkompressibler Flüssigkeiten ($\varrho/\varrho_0 = 1$):

$$\varrho \left(K_i - \frac{dv_i}{dt} \right) = \frac{\partial p}{\partial x_i} - \eta \, \Delta \, v_i$$

($K_i \equiv X, Y, Z$; $\eta =$ Koeffizient der inneren Reibung) die damit äquivalenten LAGRANGEschen Gleichungen

$$(65) \qquad \varrho_0 \left(K_i - \frac{\partial^2 x_i}{\partial t^2} \right) = \frac{\partial (p \, D_{i\alpha})}{\partial a_\alpha} - \eta \frac{\partial}{\partial a_\alpha} \left(D_{j\alpha} D_{j\beta} \frac{\partial^2 x_i}{\partial a_\beta \, \partial t} \right). \quad (i = 1, 2, 3)$$

worin über α, β und j von 1 bis 3 zu summieren ist.

Übrigens erhält man den Operator

$$\frac{\partial}{\partial x_i} = \frac{\varrho}{\varrho_0} D_{i\alpha} \frac{\partial}{\partial a_\alpha}$$

direkt aus der Differentiationsregel

$$\frac{\partial}{\partial x_i} = \frac{\partial a_\alpha}{\partial x_i} \frac{\partial}{\partial a_\alpha}$$

vermöge der Beziehungen

$$\frac{\partial a_\alpha}{\partial x_i} = \frac{\varrho}{\varrho_0} D_{i\alpha} \, ,$$

die aus den Gleichungen (58) abzuleiten sind.

Die LAGRANGEsche Form der hydrodynamischen Gleichungen hat der EULERschen Form gegenüber den Vorteil, daß sie den Bedürfnissen der „Luftkörper"-Meteorologie ganz besonders angepaßt ist. Denn die Forderung, die Ortsveränderungen und die sie begleitenden Zustandsänderungen der bewegten Luftmassen zu berechnen, verlangt den Übergang von einer Meteorologie der Druck-, Temperatur- und Bewegungsfelder zu einer der bewegten Luftkörper, bedeutet also hydrodynamisch den Übergang von den EULERschen zu den LAGRANGEschen Gleichungen[36].

An folgende hydrodynamische Begriffe sei noch kurz erinnert: Das Gleichungssystem ($x_1 = x$, $x_2 = y$, $x_3 = z$):

$$(66) \qquad dx : dy : dz = v_x : v_y : v_z$$

ergibt die „Strömungslinien", die nur bei stationärer Strömung mit den Bahnen der Teilchen übereinstimmen; existiert ein Geschwindigkeits-

---

[36] BJERKNES, V.: Über die hydrodynamischen Gleichungen in LAGRANGEscher und EULERscher Form und ihre Linearisierung für das Studium kleiner Störungen. Geofys. Publ. Oslo Bd. 5 Nr. 11.

potential G, so sind die Stromlinien die orthogonalen Trajektorien der Äquipotentialflächen $G = $ konst.

„Zirkulation" heißt das Linienintegral der tangentiellen Geschwindigkeitskomponente längs einer geschlossenen Kurve (s) mit stückweise stetiger Tangente:

$$(67) \qquad \int_s v_t \, ds = \oint v_i \, dx_i\,;$$

zufolge des STOKESschen Satzes besteht zwischen der Zirkulation und dem „Wirbelvektor" $\varepsilon_{jkl}\dfrac{\partial v_l}{\partial x_k}$ (Rotation des Geschwindigkeitsvektors) der Zusammenhang:

$$(68) \qquad \oint v_i \, dx_i = \iint n_j \, \varepsilon_{jkl} \frac{\partial v_l}{\partial x_k} \, d\sigma\,,$$

worin σ eine beliebige Fläche bedeutet, die s zur Randkurve hat (n_j sind die Komponenten des Einheitsvektors in Richtung der Normalen).

Schließlich sei noch auf eine zweckmäßige Umformung der hydrodynamischen Gleichungen in EULERscher Form hingewiesen, die unter dem Namen „Impulsstromform" bekannt ist und die sich besonders zur Behandlung der Turbulenzerscheinungen eignet. Durch Multiplikation der Bewegungsgleichungen (50) mit ϱ, der Kontinuitätsgleichung (46) mit v_i und Addition der so behandelten Gleichungen entsteht:

$$(69) \qquad \frac{\partial (\varrho v_i)}{\partial t} + \frac{\partial (\varrho v_i v_k)}{\partial x_k} = -\varrho \frac{\partial V}{\partial x_i} - \frac{\partial p}{\partial x_i}\,,$$

hierin sind $\varrho v_i v_k = J_{ik}$ die Komponenten des Impulsstromtensors.

II. Allgemeine Dynamik der Atmosphäre.

§ 1. Hydrodynamische Gleichungen in rotierenden Koordinatensystemen.

Da wir die atmosphärischen Bewegungen relativ zur Erdoberfläche beurteilen, müssen wir uns auf mit der rotierenden Erde fix verbundene Koordinatensysteme beziehen. Der Übergang von einem Inertialsystem ξ_j zu einem mit der Winkelgeschwindigkeit der Erde $\omega = 7{,}29 \cdot 10^{-5}\,\text{sec}^{-1}$ rotierenden System mittels der Transformationsgleichungen*

$$(70) \qquad \dot{\xi}_j = \dot{x}_j + \omega_{kj} x_k$$

---

* ω_{kj} ist ein antimetrischer Tensor, der kinematisch als Drehvektor der Erde mit dem Absolutbetrag ω zu deuten ist; der Nullpunkt des x_j-Systems liegt auf der Rotationsachse der Erde.

bedingt das Auftreten der Coriolis- und Zentrifugalkräfte in den Bewegungsgleichungen. Die Versuche elementarer Ableitungen[37] der sog. „ablenkenden Kraft der Erdrotation" („Coriolis-Kraft") gehen gewöhnlich auf Kosten der Kürze und Übersichtlichkeit der Rechnungen; die höhere Dynamik gibt dagegen folgende kurze Ableitung der Bewegungsgleichungen auf rotierender Erde: Man drücke in den Lagrangeschen Bewegungsgleichungen zweiter Art:

$$(71) \qquad \frac{d}{dt}\left(\frac{\partial E}{\partial \dot{x}_i}\right) - \frac{\partial E}{\partial x_i} = -\frac{\partial V}{\partial x_i} - \frac{1}{\varrho}\frac{\partial p}{\partial x_i}.$$

die kinetische Energie (pro Masseneinheit) im Inertialsystem $E = \frac{1}{2}\dot{\xi}_j^2$ mittels der Transformationsgleichungen (70) durch die $\dot{x}_i \, (= v_j)$ und x_j aus:

$$(72) \qquad E = \frac{1}{2}v_j^2 + \omega_{kj}x_k v_j + \frac{1}{2}\omega_{kj}\omega_{lj}x_k x_l.$$

Man erhält dann durch Substitution von (72) in (71) sofort die Bewegungsgleichungen im rotierenden System:

$$(73) \qquad \frac{dv_i}{dt} + 2\omega_{ki}v_k = -\frac{\partial \Phi}{\partial x_i} - \frac{1}{\varrho}\frac{\partial p}{\partial x_i},$$

worin das Potential der Zentrifugalkraft $-\frac{1}{2}\omega_{kj}\omega_{lj}x_k x_l$ in (72) mit dem Potential der Gravitation V in (71) zu dem Potential der Schwere $\Phi = V + \frac{1}{2}\omega_{kj}\omega_{jl}x_k x_l$ zusammengesetzt wurde. Der Term $+2\omega_{ki}v_k = -2\omega_{ik}v_k$ stellt die Coriolis-Beschleunigung dar, die senkrecht zu der durch ω und v bestimmten Ebene steht; es ist also $\omega_{ik}v_i v_k = 0$ (Antimetrie der ω_{ik}).

In (73) kommen die Koordinaten des x_i-Systems nicht explizit vor, daher gilt die Form (73) der Bewegungsgleichungen auch für Koordinatensysteme, die aus dem zugrunde gelegten durch eine (konstante) Verschiebung hervorgehen. Gewöhnlich wird in der dynamischen Meteorologie folgende Orientierung der Koordinatenachsen angenommen: x_1- = x-Achse $\rightarrow$ Osten (E), x_2- = y-Achse $\rightarrow$ Norden (N), x_3- = z-Achse $\rightarrow$ Zenit*. Der Tensor ω_{ki} hat dann die Komponenten (φ = geographische Breite):

$$(74) \qquad \omega_{ki} = \begin{matrix} & 0 & -\omega\sin\varphi & +\omega\cos\varphi \\ & +\omega\sin\varphi & 0 & 0 \\ & -\omega\cos\varphi & 0 & 0 \end{matrix}$$

Die Kontinuitätsgleichung behält ihre Form (46) bei.

---

[37] Vgl. hierzu: Radakovic, M.: Zum Einfluß der Erdrotation auf die Bewegungen auf der Erde. Meteorol. Z. 1914 S. 384—392. — Schubert, Joh.: Die Relativbewegung an der Erdoberfläche. Ebenda 1919 S. 8—11 — Die relative Bewegung auf einer rotierenden Scheibe und an der Erdoberfläche. Ebenda 1920 S. 259—260. — Schmidt, Wilh.: Über Ableitungen der ablenkenden Kraft der Erddrehung. Ebenda 1920 S. 100—101. — Schmidt, Ad.: Zur Frage der ablenkenden Wirkung der Erddrehung. Ebenda 1921 S. 212—214. — Thorkelsson, Th.: Zur Ableitung der ablenkenden Wirkung der Erddrehung. Ebenda 1925 S. 407—408.

* Die x, y-Ebene ist also Tangentialebene der Erde.

Für die Behandlung der Strömungsverhältnisse über größeren Gebieten der Erdoberfläche sowie zur Untersuchung der atmosphärischen Gezeiten und Schwingungen der Erdatmosphäre als Ganzes müssen die Bewegungsgleichungen und die Kontinuitätsgleichung in Kugelkoordinaten verwendet werden; ferner ist es zur Untersuchung der Eigenschaften atmosphärischer Diskontinuitätsflächen zweckmäßig, krummlinige Koordinatensysteme zugrunde zu legen, die derart gewählt werden, daß die Diskontinuitätsfläche zugleich eine der Koordinatenflächen bildet. Wir geben kurz die für derartige Untersuchungen notwendigen allgemeinsten Transformationsformeln: In einem beliebigen krummlinigen (auch nicht orthogonalen) Koordinatensystem x^i hat das Linienelement ds die Form $ds^2 = \mu_{ik}\, dx^i\, dx^k$; μ sei die Determinante der μ_{ik} mit den Unterdeterminanten M_{ik}, dann ist mit $\mu^{ik} = M_{ik}/\mu$ und

$$\left\{ \begin{matrix} r\,s \\ i \end{matrix} \right\} = \frac{1}{2}\, \mu^{ij}\left(\frac{\partial \mu_{jr}}{\partial x^s} + \frac{\partial \mu_{js}}{\partial x^r} - \frac{\partial \mu_{rs}}{\partial x^i} \right)$$

(„CHRISTOFFELsche Dreiindizessymbole zweiter Art", in r und s symmetrisch):

$$(75) \qquad \frac{\partial v^i}{\partial t} + v^k \frac{\partial v^i}{\partial x^k} + \left\{ \begin{matrix} r\,s \\ i \end{matrix} \right\} v^r v^s + 2\,\omega_{kl} v^k \mu^{il} = -\mu^{il}\left(\frac{\partial \Phi}{\partial x^l} + \frac{1}{\varrho}\, \frac{\partial p}{\partial x^l} \right)$$

$$\text{(Bewegungsgleichungen)},$$

$$(76) \qquad \frac{\partial \varrho}{\partial t} + \frac{1}{\sqrt{\mu}}\, \frac{\partial}{\partial x^k}\left(\sqrt{\mu}\, \varrho\, v^k \right) = 0, \qquad \text{(Kontinuitätsgleichung)}$$

$$(77) \quad \frac{\partial (\varrho\, v^i)}{\partial t} + \frac{1}{\sqrt{\mu}}\, \frac{\partial}{\partial x^k}\left(\sqrt{\mu}\, \varrho\, v^i v^k \right) + \left\{ \begin{matrix} r\,s \\ i \end{matrix} \right\} \varrho\, v^r v^s + 2\,\omega_{kl}\, \varrho\, v^k \mu^{il} = -\mu^{il}\left(\frac{\partial \Phi}{\partial x^l} + \frac{1}{\varrho}\, \frac{\partial p}{\partial x^l} \right)$$

$$\text{(Impulsstromform der Bewegungsgleichungen)}.$$

Für orthogonale Systeme wird $\mu_{ik} = 0$ für $i \neq k$ und $\mu^{ii} = 1/\mu_{ii}$ (nicht summieren), daher $\mu = \mu_{11}\mu_{22}\mu_{33}$.

Beispiel: Kugelkoordinaten (φ = geogr. Breite, λ = geogr. Länge ostwärts positiv, r = Abstand vom Kugelmittelpunkt). Es ist

$$ds^2 = r^2 \cos^2\varphi\, d\lambda^2 + r^2\, d\varphi^2 + dr^2,$$

also $\mu_{11} = r^2 \cos^2\varphi$, $\mu_{22} = r^2$, $\mu_{33} = 1$, $\sqrt{\mu} = r^2 \cos^2\varphi$, daher

$$\frac{\partial \varrho}{\partial t} + \frac{1}{r\cos\varphi}\left\{ \frac{\partial (\cos\varphi\, \varrho\, v_\varphi)}{\partial \varphi} + \frac{\partial (\varrho\, v_\lambda)}{\partial \lambda} \right\} + \frac{1}{r^2}\, \frac{\partial}{\partial r}\left(r^2 \varrho\, v_r \right) = 0$$

(Kontinuitätsgleichung), und

$$(78) \quad \left\{ \begin{aligned} & \frac{dv_\lambda}{dt} - 2\omega \sin\varphi\, v_\varphi + 2\omega \cos\varphi\, v_r + \frac{v_\lambda v_r}{r} - \mathrm{tg}\,\varphi\, \frac{v_\lambda v_\varphi}{r} = -\frac{\partial \Phi}{r\cos\varphi\, \partial \lambda} - \frac{1}{\varrho}\, \frac{\partial p}{r\cos\varphi\, \partial \lambda}, \\[4pt] & \frac{dv_\varphi}{dt} + 2\omega \sin\varphi\, v_\lambda \qquad\quad + \frac{v_\varphi v_r}{r} + \mathrm{tg}\,\varphi\, \frac{v_\lambda^2}{r} = -\frac{\partial \Phi}{r\, \partial \varphi} - \frac{1}{\varrho}\, \frac{\partial p}{r\, \partial \varphi}, \\[4pt] & \frac{dv_r}{dt} \qquad\qquad - 2\omega \cos\varphi\, v_\lambda - \frac{(v_\lambda^2 + v_\varphi^2)}{r} = -\frac{\partial \Phi}{\partial r} - \frac{1}{\varrho}\, \frac{\partial p}{\partial r}. \end{aligned} \right.$$

Auf den linken Seiten stehen drei Arten von Beschleunigungen:

a) EULERsche Beschleunigung:

$$B_\lambda = \frac{dv_\lambda}{dt}, \qquad B_\varphi = \frac{dv_\varphi}{dt}, \qquad B_r = \frac{dv_r}{dt}.$$

b) CORIOLIS-Beschleunigung:

$$C_\lambda = -2\omega \sin\varphi\, v_\varphi + 2\omega \cos\varphi\, v_r, \qquad C_\varphi = +2\omega \sin\varphi\, v_\lambda,$$

$$C_r = -2\omega \cos\varphi\, v_\lambda.$$

c) *Metrische* Beschleunigung:

$$M_\lambda = \frac{1}{r}(v_\lambda v_r - \operatorname{tg}\varphi\, v_\lambda v_\varphi), \qquad M_\varphi = \frac{1}{r}(v_\varphi v_r - \operatorname{tg}\varphi\, v_\lambda^2), \qquad M_r = -\frac{(v_\lambda^2 + v_\varphi^2)}{r}.$$

Es ist zu beachten, daß die metrische Beschleunigung keine Zentrifugalkrafterscheinung darstellt (unabhängig von ω!), sondern dadurch bedingt ist, daß die Metrik des gewählten Koordinatensystems dem Trägheitsprinzip infolge der Krümmung des verwendeten Koordinatensystems nicht angepaßt ist. CORIOLIS- und metrische Beschleunigungen stehen auf dem Geschwindigkeitsvektor senkrecht:

$$C_\lambda v_\lambda + C_\varphi v_\varphi + C_r v_r = 0. \qquad M_\lambda v_\lambda + M_\varphi v_\varphi + M_r v_r = 0,$$

liefern also zur Arbeitsleistung keinen Beitrag.

§ 2. Die Gleichungen der „ausgeglichenen" Bewegungen; Turbulenzreibung.

Die meteorologische Meßtechnik bringt es in Verbindung mit dem turbulenten Bewegungszustand der atmosphärischen Strömungen mit sich, daß die dynamische Meteorologie an Stelle von Momentan- und Punktwerten der Größen v_i, p, T und ϱ zeitliche, räumliche und auch raumzeitliche Mittelwerte derselben benutzen muß. Denn erstens ergeben die relativ trägen meteorologischen Registrierinstrumente und der beobachtungstechnisch notwendige langsame Umlauf der Chronographen nur Werte, aus denen die „kurzperiodischen" Turbulenzschwankungen praktisch eliminiert sind; zweitens bedingt die kartographische Darstellung der Druck- und Strömungsfelder usw. in Anbetracht der Weitmaschigkeit des Beobachtungsnetzes auch notwendigerweise räumliche Ausgleichungen. Es bedarf daher besonderer Untersuchungen zur Beantwortung der Frage, ob die Bewegungsgleichungen (73) und die Kontinuitätsgleichung (46) auch für die „ausgeglichenen" Werte $\bar{v}_i = u_i$, $\bar{p}$, T, $\bar{\varrho}$ Geltung beanspruchen können. Die eingehendsten diesbezüglichen Untersuchungen verdanken wir

HESSELBERG[38]; hier folgen wir einer allgemeineren Darstellung von ERTEL[39].

Schwanken an einem fixen Punkt des Strömungsfeldes (x_i) in einem Zeitintervall τ, das groß genug ist, um die raschen turbulenten Schwankungen auszugleichen, die Größen v_i, p, T, ϱ um die Mittelwerte $\bar{v}_i = u_i$, $\bar{p}$, $\bar{T}$, $\bar{\varrho}$ dieses Intervalles τ, so ist

$$(79) \qquad \frac{\partial(\overline{\varrho\,v_i})}{\partial t} + \frac{\partial(\overline{\varrho\,v_i v_k})}{\partial x_k} - 2\omega_{ik}\,\overline{\varrho\,v_k} = -\bar{\varrho}\,\frac{\partial\Phi}{\partial x_i} - \frac{\partial\bar{p}}{\partial x_i},$$

wie aus der Impulsstromform (69) mit Berücksichtigung der Erddrehung sofort folgt*. Weil die relativen Turbulenzschwankungen $(\Delta\varrho/\varrho)$ der Dichte klein gegen die relativen Schwankungen $(\Delta v_i/v_i)$ der Geschwindigkeitskomponenten sind[40], können die Mittelwerte $\overline{\varrho\,v_i v_k}$ und $\overline{\varrho\,v_k}$ in $\bar{\varrho}\,\overline{v_i v_k}$ bzw. $\bar{\varrho}\,\bar{v}_k$ zerlegt werden; damit folgt sofort die ausgeglichene Kontinuitätsgleichung

$$(80) \qquad \frac{\partial\bar{\varrho}}{\partial t} + \frac{\partial(\bar{\varrho}\,\bar{v}_k)}{\partial x_k} = 0.$$

Werden die v_i wie folgt zerlegt: $v_i = u_i + \zeta_i$, so ist wegen $\bar{v}_i = u_i$ dann $\bar{\zeta}_i = 0$. Die ζ_i heißen „Komponenten der turbulenten Zusatzgeschwindigkeit". Durch Einführung des Tensors

$$(81) \qquad T_{ik} = T_{ki} = \bar{\varrho}\cdot\overline{\zeta_i\zeta_k}$$

geht dann (79) mit Rücksicht auf (80) in

$$(82) \qquad \frac{\partial u_i}{\partial t} + u_k\,\frac{\partial u_i}{\partial x_k} - 2\omega_{ik}u_k = -\frac{\partial\Phi}{\partial x_i} - \frac{1}{\bar{\varrho}}\,\frac{\partial p}{\partial x_i} - \frac{1}{\bar{\varrho}}\,\frac{\partial T_{ik}}{\partial x_k}$$

über, d. h. es resultieren für die „ausgeglichenen" Größen die Bewegungsgleichungen mit einem zusätzlichen „virtuellen" Reibungsterm

$$(83) \qquad R_i = -\frac{1}{\bar{\varrho}}\,\frac{\partial T_{ik}}{\partial x_k}.$$

Hierin ist die molekulare Reibung nicht berücksichtigt; die Berücksichtigung derselben etwa durch den NAVIER-STOKESschen Reibungsterm

$$-\frac{\partial\Pi_{ik}}{\partial x_k}, \qquad \Pi_{ik} = \Pi_{ki} = -\mu\left(\frac{\partial v_i}{\partial x_k} + \frac{\partial v_k}{\partial x_i} - \frac{2}{3}\delta_{ik}\,\frac{\partial v_j}{\partial x_j}\right)$$

[38] HESSELBERG, TH.: Untersuchungen über die Gesetze der ausgeglichenen Bewegungen in der Atmosphäre. Geofys. Publ. Oslo Bd. 5 Nr. 4 — Beitr. Physik frei. Atmosph. Bd. 12 (1926) S. 141—160 — Arbeitsmethoden einer dynamischen Klimatologie. Ebenda Bd. 19 (1932) S. 291—305.

[39] ERTEL, H.: Allgemeine Theorie der Turbulenzreibung und des Austausches. S.-B. preuß. Akad. Wiss. 1932 S. 436—445 — Tensorielle Theorie der Turbulenz. Ann. Hydrogr., Berlin Bd. 65 (1937) S. 193—205.

* Oder durch Spezialisierung von (77) auf orthogonale kartesische Koordinaten.

[40] $\Delta\varrho/\varrho = 10^{-3} - 10^{-4}$, $\Delta v_i/v_i \leq 1$; vgl. z. B. TH. HESSELBERG u. E. BJÖRKDAL: Über das Verteilungsgesetz der Windunruhe. Beitr. Physik frei. Atmosph. Bd. 15 (1929) S. 131—133.

in (79) wäre möglich, ist aber zwecklos, da die molekulare Reibung nur den 10^4- bis 10^5-ten Teil der virtuellen beträgt[41]. Der virtuelle Reibungsterm ist physikalisch dadurch zu erklären, daß infolge der Turbulenz an dem Messungsort x_i Luftquanten vorbeigewirbelt werden, die Geschwindigkeiten mitbringen, welche von der mittleren Geschwindigkeit u_i am Punkte x_i abweichen. Wenn die Luftquanten den zuletzt empfangenen Impuls im Mittel eine Wegstrecke ξ_j beibehalten, so kann *im Mittel*[42]

$$(84) \qquad \zeta_i = - \frac{\partial u_i}{\partial x_j}\, \xi_j$$

gesetzt werden*; ξ_j ist (bis auf einen Faktor) identisch mit PRANDTLS „Mischungsweg"[43]. Durch Einführung eines „Austauschtensors"

$$(85) \qquad \eta_{jk} = \bar{\varrho} \cdot \overline{\xi_j \zeta_k}\,,$$

der symmetrisch ist[44] und dessen Komponenten die Dimension $\mathrm{g\,cm^{-1}sec^{-1}}$ haben, geht mit

$$(86) \qquad T_{ik} = - \eta_{jk} \frac{\partial u_i}{\partial x_j}$$

und

$$\frac{d u_i}{d t} = u_k \frac{\partial u_i}{\partial x_k} + \frac{\partial u_i}{\partial t}$$

die Gleichung (82) in

$$(87) \qquad \frac{d u_i}{d t} + 2\omega_{ki} u_k = - \frac{\partial \Phi}{\partial x_i} - \frac{1}{\varrho} \frac{\partial \bar{p}}{\partial x_i} + \frac{1}{\varrho} \frac{\partial}{\partial x_k} \left(\eta_{jk} \frac{\partial u_i}{\partial x_j} \right)$$

über. Diese Gleichung gilt also auch dann, wenn sich der Mittelwert u_i mit der Zeit ändert, d. h. für nichtstationäre ausgeglichene Bewegungen; es sind dann aber auch die η_{jk} Funktionen der Zeit.

Im einfachsten und für die dynamische Meteorologie wichtigsten Spezialfall sind in (87) die u_i und η_{jk} nur Funktionen der vertikalen

---

[41] Vgl. z. B. TH. HESSELBERG u. H. U. SVERDRUP: Die Reibung in der Atmosphäre. Veröff. geophys. Inst. Leipzig, 2. Serie, Bd. 1 Nr. 10 — ferner A. WEGENER: Ergebnisse der dynamischen Meteorologie. Erg. exakt. Naturwiss. Bd. 5 (1926) S. 96—124.

[42] Eine Verallgemeinerung dieses Ansatzes wurde kürzlich von S. FUJIWHARA u. S. OOMA gegeben: A supplementary note to ERTEL's equations of motion in turbulent flow. J. Meteorol. Soc.-Jap., II. s. Bd. 15 (1937) S. 223 (japanisch) und engl. Zusammenfassung S. 21—22. — OOMA, S.: The fundamental equations of motion in anisotropic turbulent flow. Ebenda Bd. 15 (1937) S. 226—234.

* Wenigstens für die horizontalen Komponenten $u_1 = u_x$, $u_2 = u_y$; die räumlichen Änderungen der vertikalen Komponente $u_3 = u_z$ sind wahrscheinlich nicht groß genug, um auch dafür den Ansatz (84) zu rechtfertigen; nähere Untersuchungen darüber fehlen noch.

[43] PRANDTL, L.: Bericht über die Untersuchungen zur ausgebildeten Turbulenz. Z. angew. Math. Mech. Bd. 5 (1926) S. 136—139 — Abriß der Strömungslehre. S. 94f. Braunschweig 1931.

[44] Wegen des Symmetriebeweises vgl. H. ERTEL: a. a. O. S. 439f. (Lit.-Nachweis Nr. 39).

Koordinate $x_3 = z$; es geht in die so spezialisierte Gleichung nur die η_{zz}-Komponente des Austauschtensors ein, wir setzen $\eta_{zz} = \eta(z)$. Diese Größe heißt „virtueller oder molarer Reibungskoeffizient" (der „inneren" Reibung), nach WILH. SCHMIDT[45] auch „Austauschkoeffizient" (für den Impuls), und die aus (87) resultierenden Gleichungen

$$(88) \qquad \frac{\partial u_i}{\partial t} + u_k \frac{\partial u_i}{\partial x_k} + 2\omega_{ki} u_k = -\frac{\partial \Phi}{\partial x_i} - \frac{1}{\varrho}\frac{\partial \bar{p}}{\partial x_i} + \frac{1}{\varrho}\frac{\partial}{\partial z}\left(\eta \frac{\partial u_i}{\partial z}\right)$$

bilden in dieser Form die Grundlagen einer theoretischen Behandlung spezieller atmosphärischer Bewegungsformen.

Die historische Entwicklung der geophysikalischen Turbulenzforschung[46] brachte es allerdings mit sich, daß die Gleichung (88) nicht als Spezialfall von (87), sondern durch Erweiterung des molekularen Reibungsterms $\frac{\eta}{\varrho}\frac{\partial^2 u_i}{\partial x_j^2}$ in $\frac{1}{\varrho}\frac{\partial}{\partial x_j}\left(\eta \frac{\partial u_i}{\partial x_j}\right)$ und nachfolgende Spezialisierung auf $\frac{1}{\varrho}\frac{\partial}{\partial z}\left(\eta \frac{\partial u_i}{\partial z}\right)$ gewonnen wurde[47]. Da man somit von vornherein an Stelle des Austauschtensors η_{jk} nur mit einem skalaren Austauschkoeffizienten η arbeitete, mußte die tensorielle Natur des Austausches der Forschung solange verborgen bleiben. Neueren experimentellen Untersuchungen zur Windstruktur[48] scheint aber die tensorielle Auffassung des Austausches besser gerecht zu werden.

Die quantitativen Bestimmungen von $\eta(z)$ lassen wegen zahlreicher Schwierigkeiten, die F. MÖLLER[49] eingehend diskutiert hat, noch sehr zu wünschen übrig. Sicher ist nur, daß $\eta(z)$ von der Größenordnung 10^1 bis 10^2 g cm^{-1} sec^{-1} in den untersten Atmosphärenschichten ist und daß η von einem in den untersten Hektometern liegenden Maximum nach oben hin langsam, nach unten hin zunächst auch langsam, dann aber in den bodennahen Schichten (< 10 m) außerordentlich rasch gegen Null konvergiert. Die beste Methode der η-Bestimmung dürfte

[45] SCHMIDT, WILH.: Der Massenaustausch bei der ungeordneten Strömung in freier Luft und seine Folgen. S.-B. Akad. Wiss. Wien 1917 S. 757—804 — Der Massenaustausch in freier Luft und verwandte Erscheinungen. Hamburg 1925 (Probleme der kosm. Physik Bd. 7).

[46] ROSSBY, C. G.: The theory of atmospheric turbulence — an historical résumé and an outlook. Month. Weath. Rev. 1927 S. 6.

[47] EKMAN, V. W.: On the influence of the earth's rotation on ocean-currents. Ark. Mat. Astron. Fys. Bd. 2 (1905) Nr. 11. — ÅKERBLOM, F.: Recherches sur les courants les plus bas de l'atmosphère au-dessus de Paris. Nova Acta Soc. Sci. Uppsal. Bd. 2 (1908) Nr. 2. — EXNER, F. M.: Zur Kenntnis der untersten Winde über Land und Wasser und der durch sie erzeugten Meeresströmungen. Ann. Hydrogr. 1912 S. 226—239 — Dynam. Meteorol., 2. Aufl. S. 117ff. Wien 1925.

[48] SCRASE, F. J.: Some characteristics of eddy motion in the atmosphere. Geophys. Mem. Bd. 52 (1930) Met. Office, London. — BEST, A. C.: Transfer of Heat and Momentum in the lowest layers of the atmosphere. Ebenda Nr. 65. London 1935.

[49] MÖLLER, F.: Austausch und Wind. Meteorol. Z. 1931 S. 69—80.

die von SCRASE[50] sein, der η direkt nach der aus (81) und (86) für reine z-Abhängigkeit folgenden Definitionsgleichung

$$(89) \qquad \eta = - \frac{\bar{\varrho}\,(\overline{\zeta_i \zeta_z})}{\dfrac{\partial u_i}{\partial z}}$$

bestimmt hat, wobei für $u_i = u_1 = u_x$ die Richtung des mittleren Windes genommen wurde. SCRASE fand z. B. für $z = 19$ m: $\eta = 70\,\mathrm{g\,cm^{-1}\,sec^{-1}}$ bei $u_x = 7{,}30$ m sec^{-1} und $\partial u_x/\partial z = 0{,}05$ sec^{-1}.

Bei speziellen Anwendungen der allgemeinen Bewegungsgleichungen (88) und der Kontinuitätsgleichung können unter Umständen einzelne Terme vernachlässigt werden, sofern sie der Größenordnung nach gegen die übrigbleibenden klein genug sind. TH. HESSELBERG und A. FRIEDMANN[51] verdanken wir eine eingehende Untersuchung über die Größenordnung der meteorologischen Elemente und ihrer räumlich-zeitlichen Derivierten für die untersten Luftschichten bis etwa 4000 m Höhe. In diesen Schichten ist nämlich die Größenordnung eines Elements für alle Höhen nahezu die gleiche, von einzelnen Ausnahmen abgesehen, bei denen zwischen der Größenordnung in Bodennähe (< 500 m) und der in der freien Atmosphäre unterschieden werden muß.

Auf der Tatsache, daß den einzelnen Termen der Bewegungsgleichungen (88) für die einzelnen Probleme der atmosphärischen Dynamik eine ganz verschiedene Bedeutung zukommt, basiert eine beachtenswerte Terminologie der Luftströmungen von H. JEFFREYS[52]. Je nachdem, ob der horizontale Druckgradient $-\frac{1}{\varrho}\frac{\partial p}{\partial x_i}$ (für $i = 1, 2$; $\frac{\partial \Phi}{\partial x_1} = \frac{\partial \Phi}{\partial x_2} = 0$) hauptsächlich durch die Beschleunigung du_i/dt, durch die ablenkende Kraft der Erdrotation $-2\omega_{ki}u_k$ oder durch die Reibung $\frac{1}{\varrho}\frac{\partial}{\partial z}\left(\eta\,\frac{\partial u_i}{\partial z}\right)$ „ausbalanciert" wird, unterscheidet JEFFREYS:

$$(90) \quad \left\{ \begin{aligned} &\text{EULERschen Wind:} && \frac{du_i}{dt} = -\frac{1}{\varrho}\frac{\partial p}{\partial x_i}, \\[2mm] &\text{geostrophischen Wind:} && 0 = -\frac{1}{\varrho}\frac{\partial p}{\partial x_i} - 2\omega_{ki}u_k, \\[2mm] &\text{antitriptischen Wind:} && 0 = -\frac{\partial p}{\partial x_i} + \frac{\partial}{\partial z}\left(\eta\,\frac{\partial u_i}{\partial z}\right). \end{aligned} \right.$$

Dem EULERschen Wind können tropische Wirbelstürme, Tornados, Hurrikane usw. subsummiert werden, dem geostrophischen Wind entsprechen die stationären Zyklonen und Antizyklonen der mittleren

[50] a. a. O., S. 14 (Lit.-Nachweis Nr. 48).

[51] HESSELBERG, TH., u. A. FRIEDMANN: Die Größenordnung der meteorologischen Elemente und ihrer räumlichen und zeitlichen Ableitungen. Veröff. geophys. Inst. Leipzig, 2. Serie, Bd. 1 Nr. 6.

[52] JEFFREYS, H.: On the dynamics of wind. Quart. J. Roy. Met. Soc. Lond. 1922 S. 29—46.

Breiten, Passate, Monsume, während der antitriptische Wind lokale Zirkulationen geringerer Dimensionen wie Land- und See-, Berg- und Talwinde umfaßt (vgl. hierzu auch N. SHAW[53], WILH. SCHMIDT[54]).

§ 3. Geopotential; Druck-, Massen- und Stromfeld.

Physikalisch bedeutungsvoller als die Koordinatenebenen $z =$ konst. sind die Äquiskalarflächen $\Phi =$ konst. des irdischen Schwerepotentials, weshalb nach V. BJERKNES' Vorschlag[55] an Stelle der geometrischen Höhe z' eines Luftmassenelements sich besser die Aufgabe des Wertes von Φ der Äquipotentialfläche empfiehlt, auf der sich das Massenelement befindet. Denn zwischen zwei auf derselben Fläche $\Phi =$ konst. liegenden Massen wirkt keine Schwerkraftkomponente, da die Schwerebeschleunigung g durch $g = +\dfrac{\partial \Phi}{\partial n}$ ($n =$ äußere Normale) bestimmt ist. Zwischen dem „Geopotential" $\Phi(z', \varphi)$, normiert durch $\Phi(0, \varphi) = 0$, und der geometrischen Höhe z' besteht dann (bei Vernachlässigung sehr kleiner Größen wegen $\dfrac{\partial}{\partial n} = \dfrac{\partial}{\partial z} + \cdots$) der Zusammenhang

$$(91) \qquad \Phi(z', \varphi) = \int_{0}^{z'} g(\varphi, z)\, dz,$$

der mit einer für praktische Zwecke ausreichenden Genauigkeit für kleine Höhen durch

$$(92) \qquad \Phi(z', \varphi) = g(\varphi, 0) \cdot z'$$

ersetzt werden kann. Da wegen $g(\varphi, 0) = 9{,}80616\,[1 - 0{,}002644\cos(2\varphi) + 0{,}000007\cos^2(2\varphi)]$ m sec^{-2} die einem Höhenunterschied von 1 geometrischen Meter entsprechende Geopotentialdifferenz der Maßzahl $\langle g \rangle$ nach nahezu das Zehnfache des geometrischen Höhenunterschiedes beträgt, führt V. BJERKNES den $\langle g \rangle$-ten Teil der (auf die Masseneinheit bezogenen) Arbeit bei Hebung um 10 geom. Meter als „dynamisches Meter" (Dimension m^2 sec^{-2}!) ein, so daß also einander entsprechen:

Hebung der Masseneinheit   Erhöhung des Potentials
um 1 geom. Meter   um $g(\varphi, z)/10$ dyn. Meter.

Diese praktische Einheit des Geopotentials kann auch folgendermaßen definiert werden: Es sei $\langle g \rangle$ die (von φ und z abhängige) *Maßzahl* von $g(\varphi, z)$ bei Verwendung der Maßeinheiten Meter und Sekunde, also $g(\varphi, z) = \langle g \rangle$ m sec^{-2}; dann ist das dynamische Meter die pro Masseneinheit bei einer Erhebung um $10/\langle g \rangle$ geometrische Meter aufzuwendende Arbeit:

$$1 \text{ dyn. Meter} = g(\varphi, z) \cdot \left\{ \frac{10}{\langle g \rangle} \text{ geom. Meter} \right\} = 10 \text{ m}^2 \text{sec}^{-2}.$$

[53] SHAW, N.: Manual of Meteorology. 2. Aufl. Bd. 4 S. 80ff. Cambridge 1931.
[54] SCHMIDT, WILH.: Meteorol. Z. 1923 S. 30.
[55] BJERKNES, V.: Dynamische Meteorologie und Hydrographie. I. Teil. Braunschweig 1912.

Das dynamische Meter (Potentialdimension!) ist also unabhängig von der Schwere, während die zugeordnete geometrische Höhendifferenz schwereabhängig ist.

Es ist also der geometrischen Höhe z [Meter] das Geopotential $\int_0^z \frac{g(\varphi, z)\, dz}{10}$ [dyn. Meter] zugeordnet; daher sind äquivalent: 1 dyn. Meter $\sim 1{,}02$ geom. Meter. Das Geopotential Φ in dynamischen Metern ausgedrückt, heißt „dynamische Höhe"[56].

Das atmosphärische Druck- und Massenfeld wird durch die isobaren Flächen $p =$ konst. und isosteren Flächen $\alpha =$ konst., an deren Stelle auch die isopyknen (oder „äquidensen") Flächen $\varrho =$ konst. verwendet werden können, festgelegt. Nur im Gleichgewichtszustand $u_i = 0$ ($i = 1, 2, 3$) fallen alle diese Flächensysteme untereinander und mit den Äquipotentialflächen $\Phi =$ konst. zusammen (vgl. S. 55). Im gestörten Feld fallen zwei Äquiskalarflächen S_1, S_2 nur bei Existenz einer Funktionalbeziehung $F(S_1, S_2) = 0$ zusammen, der eine rein geometrische Bedeutung zukommt und die nichts über die physikalische Beziehung zwischen S_1 und S_2 aussagt. Es mögen jetzt $S_1 = p =$ konst. und $S_2 = T =$ konst. (Isothermen) zwei Systeme von Äquiskalarflächen sein. Dann heißt das Feld einer dritten Skalargröße S_3 nach V. BJERKNES' Terminologie[57] „barotrop" („nach dem Druckfelde eingestellt"), wenn $F(S_3, p) = 0$ existiert, und „thermotrop" („nach dem Temperaturfelde eingestellt"), wenn $F(S_3, T) = 0$ existiert, welche Beziehungen allgemein „Homotropiebedingungen" heißen. Existieren derartige Funktionalbeziehungen nicht, so ist das Feld des Skalars S_3 „baroklin" („zum Druckfelde geneigt") bzw. „thermoklin" („zum Temperaturfelde geneigt"). Beim Übergang von einem Feldpunkt x zum benachbarten $x + dx$ mögen sich die „geometrischen Zustandsänderungen" dS_3, dp, dT ergeben, dann heißen die Größen

$$(93) \qquad \Gamma^p_{S_3} = \left(\frac{dS_3}{dp}\right)_g = -\frac{\left(\frac{\partial F}{\partial p}\right)}{\left(\frac{\partial F}{\partial S_3}\right)}, \qquad \Gamma^T_{S_3} = \left(\frac{dS_3}{dT}\right)_g = -\frac{\left(\frac{\partial F}{\partial T}\right)}{\left(\frac{\partial F}{\partial S_3}\right)}$$

„Homotropiekoeffizienten" von S_3, speziell $\Gamma^p_{S_3}$ „Barotropiekoeffizient", $\Gamma^T_{S_3}$ „Thermotropiekoeffizient". Der Index g in (93) soll den rein geometrischen Charakter dieser Koeffizienten andeuten und einer Verwechslung mit dem physikalischen „Piezotropiekoeffizienten der Dichte"

$$(94) \qquad \gamma_\varrho = \left(\frac{d\varrho}{dp}\right) = -\frac{1}{\alpha^2}\left(\frac{d\alpha}{dp}\right)$$

---

[56] Vgl. hierzu R. WENGER: Über den Einfluß der Instrumentalfehler auf die synoptische Darstellung aerologischer Simultanaufstiege. Veröff. geophys. Inst. Leipzig, 2. Serie, Heft 1 (1913).

[57] BJERKNES, V.: Physikalische Hydrodynamik. S. 3f. Berlin 1933.

vorbeugen, der das Verhalten eines individuellen Teilchens gegenüber Druckänderungen kennzeichnet. Der Unterschied zwischen $\Gamma^p_{S_3}$ (für $S_3 = \varrho$) und γ_ϱ wird an folgendem Beispiel besonders klar: $\Gamma^p_\varrho = \left(\frac{d\varrho}{dp}\right)_g$ bedeutet Homogenität des Massenfeldes, dagegen $\gamma_\varrho = 0$: Inkompressibilität des Teilchens. Den Spezialfall $\Gamma^p_\varrho = \gamma_\varrho$ nennt V. BJERKNES „zwangsläufige Barotropie“ oder „Autobarotropie“; hier wird durch Austausch zweier Teilchen das Massenfeld nicht verändert.

Im baroklinen Falle schneiden sich die Flächensysteme $p = $ konst., $S_3 = $ konst. und bilden „Solenoide“, die im Falle eines weiteren „heterotropen“ Flächensystems (etwa $T = $ konst.) in „Zellen“ aufgestellt werden. Für $S_3 = \alpha$ bilden die α_ν ($\nu = 1, 2, 3, \ldots$) Isosteren- und p_ν Isobarenflächen „isobar-isostere Einheitssolenoide“, wenn $\alpha_{\nu+1} - \alpha_\nu = 1$ und $p_{\nu+1} - p_\nu = 1$ gewählt werden. Wir bemerken noch für spätere Anwendungen, daß das längs einer geschlossenen Kurve gebildete Integral $-\oint \alpha \frac{\partial p}{\partial x_j} dx_j = -\oint \alpha\, dp$ die Zahl N der von der Kurve umschlossenen isobar-isosteren Einheitssolenoide ergibt:

$$(95) \qquad\qquad -\oint \alpha\, dp = N(p, \alpha) .$$

Dabei ist in der Bezeichnungsweise von V. BJERKNES:

$$(96) \qquad N(p, \alpha) = \iint\limits_F [\operatorname{grad} p, \operatorname{grad} \alpha]_n\, dF = -\oint\limits_K \alpha\, \operatorname{grad}_s p \cdot ds ,$$

worin F eine beliebige, über der geschlossenen Randkurve K aufgespannte Fläche ist; $ds = $ Linienelement von K, $n = $ Normale von F. Die Integration längs K ist, von der Spitze von n aus gesehen, entgegen dem Drehsinn des Uhrzeigers auszuführen, $N(p, \alpha)$ ist positiv bei Integration längs K in Richtung von Druckgradienten $\operatorname{grad} p$ zum Volumengradienten $\operatorname{grad} \alpha$. Umkehrung der Faktoren im Vektorprodukt ergibt

$$N(p, \alpha) = -\iint\limits_F [\operatorname{grad} \alpha, \operatorname{grad} p]_n\, dF$$

$$= \iint\limits_F [\operatorname{grad} \alpha, -\operatorname{grad} p]_n\, dF = N(\alpha, -p) ,$$

ferner gilt:

$$N(p, \alpha) = N(-p, -\alpha) .$$

Zur Darstellung des diagnostisch und prognostisch äußerst wichtigen Momentanzustandes des Stromfeldes dienen in der Meteorologie vorwiegend die Stromlinien (vgl. S. 26), deren Tangentenrichtung in jedem Punkt die dort herrschende Windrichtung angibt, ferner die Isogonen (Linien gleicher Windrichtung). Die Zeichnung dieser Linien erfolgt auf Grund der in der Wetterkarte eingezeichneten Windpfeile unter Berücksichtigung des Isobarenverlaufs (bzw. des „barischen Windgesetzes“, vgl. S. 90) teilweise unter Benutzung maschineller Hilfsmittel[58] und erfordert eine eingehende Kenntnis der kinematischen Gesetze hydrodynamischer Stromfelder und der darin vorkommenden Singularitäten, bei denen sich unterscheiden lassen:

Liniensingularitäten, Konvergenzlinien (ein- und zweiseitige), Divergenzlinien (ein- und zweiseitige); abwechselnde, einander parallele Konvergenz- und Divergenzlinien (bei Wellenbewegungen).

Punktsingularitäten, Konvergenzpunkte, Divergenzpunkte, neutrale Punkte.

Vgl. hierzu: V. BJERKNES[59], WENGER[60], DEFANT[61], sowie die speziellen Untersuchungen von DIETZIUS[62], WENGER[63], KOSCHMIEDER[64].

Besonderes Interesse beanspruchen auch die tatsächlichen Bahnen („Trajektorien") einzelner Luftteilchen, die ja wegen der zeitlichen Veränderungen der atmosphärischen Strömungsfelder nicht mit den Stromlinien zusammenfallen; diesbezügliche Untersuchungen liegen z. B. von MEINARDUS[65], SHAW und LEMPFERT[66] und W. KÖPPEN[67] vor.

§ 4. Das Zirkulationstheorem von V. BJERKNES.

Wenn das p, α- (oder p, ϱ-) Solenoidfeld durch Beobachtungen bekannt ist, lassen sich auch ohne vollständige Integration der hydrodynamischen Bewegungsgleichungen (5) quantitative Aussagen über die

---

[58] SANDSTRÖM, J. W.: Über die Bewegung der Flüssigkeiten. Ann. Hydrogr. 1909 S. 242—254.

[59] BJERKNES, V.: Dynamische Meteorologie und Hydrographie. II. Teil. Braunschweig 1913.

[60] WENGER, R.: Neue Grundlagen der Wettervorhersage. Meteorol. Z. 1920 S. 241—252.

[61] DEFANT, A.: Wetter und Wettervorhersage. 2. Aufl. Leipzig-Wien 1926 — ferner: Statik und Dynamik der Atmosphäre. (Handb. d. Exp.-Physik Bd. 25 I S. 1—160. Leipzig 1928).

[62] DIETZIUS, R.: Die Gestalt der Stromlinien in der Nähe der singulären Punkte. Beitr. Physik frei. Atmosph. Bd. 8 (1919) S. 29—52.

[63] WENGER, R.: Über einige Eigenschaften der Strömungsfelder usw. Ann. Hydrogr. 1920 S. 112—122.

[64] KOSCHMIEDER, H.: Über die Singularitäten der Stromfelder im sommerlichen Mitteleuropa. Meteorol. Z. 1923 S. 225—231.

[65] MEINARDUS, W.: Über die absolute Bewegung der Luft in fortschreitenden Zyklonen. Meteorol. Z. 1903 S. 529—544.

[66] SHAW, W. N., and R. G. K. LEMPFERT: The meteorological aspects of the storm of February 26—27, 1903. Quart. J. Roy. Met. Soc. Lond. 1903, S. 233 bis 258 — ausführlicher: The Life history of surface air currents, London 1906 (Publ. Met. Office Nr. 174).

[67] KÖPPEN, W.: Über Böen, insbesondere die Böe vom 9. Sept. 1913. Ann. Hydrogr. 1914 S. 303—320.

eintretenden Bewegungen mit Hilfe eines von V. Bjerknes[68] auf-
gestellten Zirkulationstheorems ermöglichen. Dieses Theorem gibt nämlich eine Beziehung zwischen 1. der zeitlichen (individuellen) Änderung
der Zirkulation einer geschlossenen „materiellen" Kurve Γ, die mit der
Strömung fortgetragen wird, 2. der Zahl N der von der Kurve Γ um-
spannten isobar-isosteren Einheitssolenoide, 3. der zeitlichen Änderung
der von der Projektion von Γ auf die Äquatorebene der Erde umschlossenen Fläche S und lautet:

$$(97) \qquad \frac{d}{dt} \oint v_j \, dx_j + 2\omega \frac{dS}{dt} = N(p, \alpha) \, .$$

Ersichtlich kommt diesem Theorem eine prognostische Bedeutung
zu, da es aus einem gegebenen Zustand (N) individuelle zeitliche Änderungen zu berechnen ermöglicht; erschwert wird seine praktische Anwendung allerdings dadurch, daß die Reibung formal zwar sehr leicht,
quantitativ aber kaum berücksichtigt werden kann. Doch hat Sandström darauf hingewiesen, daß sich vielleicht durch Vergleich zwischen
Theorie und Beobachtung mit Hilfe des Zirkulationstheorems ein Rück-
schluß auf die atmosphärische Reibung ermöglichen läßt (Meteorol. Z.
1902 S. 163).

Auf anderem Wege als V. Bjerknes haben Iswekow[69] und Lombardini[70] dieses Theorem bewiesen.

Alle diese Beweise gehen von den hydrodynamischen Gleichungen
in Eulerscher Form aus; es muß dann der Term dS/dt erst durch eine
etwas umständliche Umformung eines Integralausdrucks gewonnen
werden. Folgender, von den Lagrangeschen Gleichungen zweiter Art
ausgehende Beweis[71] hat den Vorteil, den Term explizit zu liefern:
Bildet man aus (71) das Zirkulationsintegral

$$\oint \frac{d}{dt}\left(\frac{\partial E}{\partial \dot{x}_j}\right) dx_j - \oint \frac{\partial E}{\partial x_j} dx_j = -\oint \alpha \frac{\partial p}{\partial x_j} dx_j = N(p, \alpha)$$

und beachtet

$$\frac{d}{dt} \oint \left(\frac{\partial E}{\partial \dot{x}_j}\right) dx_j = \oint \frac{d}{dt}\left(\frac{\partial E}{\partial \dot{x}_j}\right) dx_j + \oint \frac{\partial E}{\partial \dot{x}_j} d\dot{x}_j \, ,$$

so ergibt sich:

$$(98) \qquad \frac{d}{dt} \oint \frac{\partial E}{\partial \dot{x}_j} dx_j = N(p, \alpha) \, ,$$

[68] Bjerknes, V.: Über einen hydrodynamischen Zirkulationssatz und seine
Anwendung auf die Mechanik der Atmosphäre und des Weltmeeres. Kongl.
Svenska Vetenskapsakad. Handl. Bd. 31 (1898) — Das dynamische Prinzip der
Zirkulationsbewegungen in der Atmosphäre. Meteorol. Z. 1900 S. 97—106, 145
bis 156 — Zirkulation relativ zu der Erde. Ebenda 1902 S. 96—108.

[69] Iswekow, B.: A new proof of the theorem of Bjerknes on circulation.
J. Geophys. a. Meteorol. (Moskau-Leningrad) Bd. 1 (1924) S. 195—198.

[70] Lombardini, M.: Sul calcolo della circuitazione nei moti dell'atmosfera.
Atti Accad. naz. Lincei, Rend., VI. s., Bd. 15 (1932) S. 459—462.

[71] Ertel, H.: Ein neuer Beweis des hydrodynamischen Zirkulationstheorems.
S.-B. preuß. Akad. Wiss. 1933 S. 447—449.

da $\oint\left(\dfrac{\partial E}{\partial \dot{x}_j}\dfrac{d\dot{x}_j}{ds} + \dfrac{\partial E}{\partial x_j}\dfrac{dx_j}{ds}\right)ds$ verschwindet, denn der Integrand ist die totale Ableitung von E, weil E nach (49) von der Zeit t nicht explizit abhängt. Da nach (72): $\dfrac{\partial E}{\partial \dot{x}_j} = \dot{x}_j + \omega_{kj}x_k = v_j + \omega_{kj}x_k$, folgt aus (98)

$$(99) \qquad \frac{d}{dt}\oint v_j\,dx_j + \frac{d}{dt}\oint \dot{\omega}_{kj}x_k\,dx_j = N(p, \alpha).$$

Nun ist $\omega_{kj}x_k\,dx_j = \omega_{kl}x_k\,dx_l = w_j\varepsilon_{jkl}x_k\,dx_l$, wenn w_j($w_1 = \omega_{23}$, $w_2 = \omega_{31}$, $w_3 = \omega_{12}$) die Komponenten des Drehvektors der Erde bedeuten ($|w| = \omega$); andererseits sind $dF_j = \tfrac{1}{2}\varepsilon_{jkl}x_k\,dx_l$ die Komponenten des infinitesimalen Dreiecks dF, das durch zwei vom Koordinatennullpunkt 0 zu zwei unendlich benachbarten Punkten der Kurve Γ führenden Radiusvektoren und dem Bogendifferential von Γ gebildet wird (Abb. 1). Daher ist

$$\oint \omega_{kj}x_k\,dx_j = \oint w_j\varepsilon_{jkl}x_k\,dx_l = \oint 2w_j\,dF_j = 2\omega S,$$

und durch Substitution dieses Ausdrucks in (99) ist BJERKNES' Theorem (97) bewiesen.

Die ersten meteorologischen Anwendungen dieses Theorems haben V. BJERKNES (a. a. O.) und J. W. SANDSTRÖM[72] gegeben. Indem letzterer z. B. $\dfrac{d}{dt}\oint v_j\,dx_j = 0$ setzt und den Integrationsweg Γ aus zwei Vertikalen a, b und zwei Isobaren p_0, p_1 zusammensetzt (Abb. 2), leitet er zunächst aus (97) mit Hilfe von (1) die Beziehung

$$(100) \qquad T_a - T_b = \frac{2\omega\,\dfrac{dS}{dt}}{R\ln\left(\dfrac{p_0}{p_1}\right)}$$

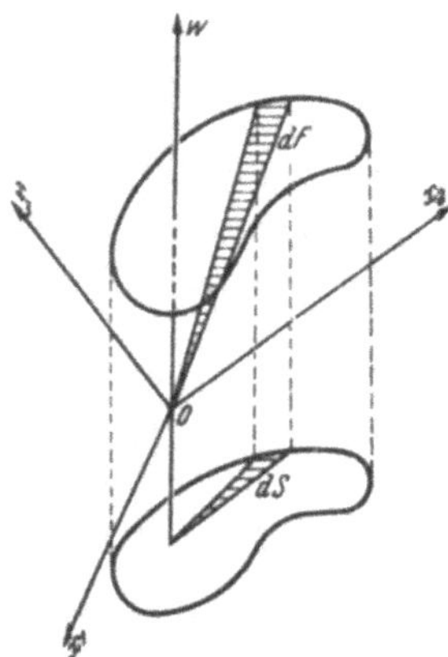

Abb. 1. Zur Ableitung des BJERKNESschen Zirkulationssatzes.

$w =$ Drehvektor der Erdrotation, $dS =$ Projektion von dF auf die Äquatorebene.

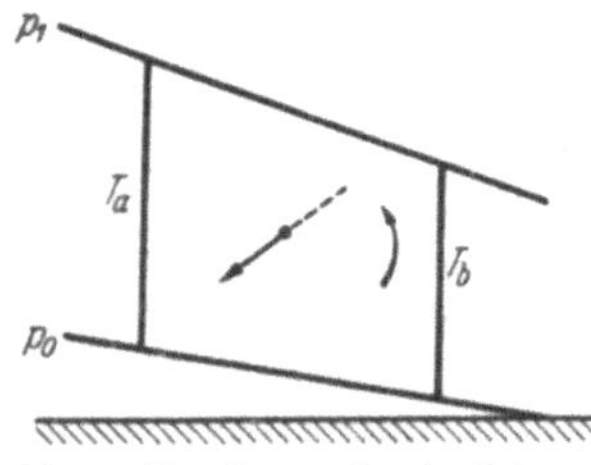

Abb. 2. Der SANDSTRÖMsche Integrationsweg bei der Anwendung des BJERKNESschen Zirkulationssatzes.

ab, worin T_a, T_b die „barometrischen Mitteltemperaturen" (vgl. S. 56) der Vertikalen a und b bedeuten. Wird die von Γ umschlossene Fläche senkrecht zum Wind orientiert, so lassen sich aus der auf die Äquatorebene der Erde projizierten Änderung dieser Fläche, die dadurch eintritt, daß die Fläche von der Strömung mitgenommen wird, und zwar in den einzelnen Höhen verschieden schnell, nach SAND-

[72] SANDSTRÖM, J. W.: Über die Beziehung zwischen Temperatur und Luftbewegung in der Atmosphäre unter stationären Verhältnissen. Meteorol. Z. 1902 S. 161—170 — ferner: Öfversigt af Kongl. Vetenskaps-Akad. Förhandl. 1901 (Stockholm) S. 759—774.

STRÖM folgende qualitativen Gesetze für die Beurteilung der Temperaturverteilung auf Grund von Wind- und Wolkenbeobachtungen ableiten:

1. Wenn sich die Wolken schneller als der Wind an der Erdoberfläche bewegen und man sich in die Richtung der Wolkenbewegung stellt, so hat man die höhere Temperatur rechts und die niedrigere links.

2. Wenn sich die Wolken langsamer als der Wind an der Erdoberfläche bewegen und man sich gegen die Richtung des Windes stellt, so hat man ebenfalls die höhere Temperatur rechts und die niedrigere links.

Indem SANDSTRÖM ferner annimmt, daß die höhere oder niedrigere Mitteltemperatur eine Folge der mit adiabatischen Vertikalbewegungen verknüpften Erwärmungen bzw. Abkühlungen ist, kommt er weiter zu folgenden Gesetzen:

3. Wenn die Wolken sich schneller als der Wind an der Erdoberfläche bewegen, so haben die Zyklonen kalte Zentra und die Antizyklonen warme Zentra (und umgekehrt).

4. Bewegen sich die Wolken schneller als der Wind an der Erdoberfläche, so findet in den Zyklonen ein dynamisches Emporsaugen, in den Antizyklonen ein dynamisches Herunterpressen der Luft statt (und umgekehrt).

Blickt man nämlich auf der Nordhemisphäre in Richtung des Windes, so hat man das Zyklonenzentrum zur Linken, das Antizyklonenzentrum zur Rechten (vgl. S. 89); die Sätze 3 und 4 sind Folgerungen von 1 und 2 bei Annahme adiabatischer Vertikalbewegungen, welche die Mitteltemperaturen entsprechend beeinflussen. Die Vorstellungen über das dynamische Emporsaugen bzw. Herunterpressen der Luft spielen auch in den modernen Zyklonentheorien eine große Rolle (V. BJERKNRS, E. PALMÉNS „dynamische" Zyklogenese).

§ 5. Das Variationsprinzip der atmosphärischen Dynamik.

Die Gesetze der atmosphärischen Bewegungen finden ihre prägnanteste Zusammenfassung in einem Variationsprinzip, das uns über die „Tendenz" der atmosphärischen Umsetzungen Aufschluß erteilt und dem wir folgende Form geben wollen:

Beurteilt von einem mit der rotierenden Erde fix verbundenen Koordinatenachse x_i tritt von allen denkbaren Bewegungen, die einen gegebenen atmosphärischen Zustand 1 in einen anderen Zustand 2 in der gleichen Zeit $t_2 - t_1$ überführen, nur diejenige wirklich ein, die das Zeitintegral der „erweiterten LAGRANGEschen Funktion"

$$(101) \qquad L = E_{\mathrm{kin}} + \omega D_\omega - (\Phi + \psi)$$

zu einem Extrem macht:

$$(102) \qquad \delta \int_{t_1}^{t_2} \{E_{\mathrm{kin}} + \omega D_\omega - (\Phi + \psi)\}\, dt = 0 .$$

Es bedeuten hierin:

$$E_{\mathrm{kin}} = \tfrac{1}{2}\dot{x}_j^2 = \tfrac{1}{2}v_j^2 = \text{kinetische Energie pro Masseneinheit},$$

$\Phi = $ potentielle Energie der Masseneinheit im irdischen Schwerefeld,

$D_\omega = $ der Erdachse parallele Komponente des Drehimpulses*,

$\psi = $ thermodynamisches Potential, für das zu setzen ist:

a) $\psi_S = $ Enthalpie, bei adiabatischen Bewegungen,

b) $\psi_T = $ GIBBSsches thermodynamisches Potential bei isothermen Bewegungen (vgl. S. 7).

Die Zeit t ist in (102) gemäß HAMILTONs Prinzip nicht zu variieren.

Um (102) zu beweisen[73], multiplizieren wir die Bewegungsgleichungen (73) mit den Komponenten δx_j der virtuellen Verschiebung und summieren, ferner multiplizieren wir mit dem Massenelement $\varrho\, d\tau$ und integrieren über eine beliebige Masse $M = \iiint \varrho\, d\tau$; wir erhalten:

$$\iiint \varrho \frac{dv_j}{dt}\, \delta x_j\, d\tau - 2\iiint \omega_{jk}\, \varrho\, v_k\, \delta x_j\, d\tau = -\iiint \varrho \frac{\partial \Phi}{\partial x_j}\, \delta x_j\, d\tau - \iiint \frac{\partial p}{\partial x_j}\, \delta x_j\, d\tau ,$$

wofür wir auch

$$(103) \quad \left\{ \begin{aligned} &\iiint \varrho \frac{d}{dt}(v_j\, \delta x_j)\, d\tau - \iiint \varrho\, \delta\!\left(\frac{v_j^2}{2}\right) d\tau - 2\iiint \omega_{jk}\, \varrho\, v_k\, \delta x_j\, d\tau \\ &\qquad = -\iiint \varrho\, \delta \Phi\, d\tau - \iiint \varrho\, \frac{\delta p}{\varrho}\, d\tau \end{aligned} \right.$$

schreiben können. Nun ist der Ausdruck $\delta p/\varrho$ mit der Variation der thermodynamischen Potentiale ψ_S, ψ_T bei adiabatischen bzw. isothermen Bewegungen identisch (vgl. S. 9):

$$\frac{\delta p}{\varrho} = \left\{ \begin{aligned} \delta\psi_S \\ \delta\psi_T \end{aligned} \right\} = \delta\psi ,$$

ferner könne in (103) alle Integralausdrücke von der Form $\iiint \varrho\, \delta(\cdots)\, d\tau$ in $\delta \iiint \varrho \cdot (\cdots)\, d\tau$ verwandelt werden, da die δx_j die Gleichung

$$(104) \qquad\qquad \delta\varrho + \varrho\, \frac{\partial \delta x_j}{\partial x_j} = 0$$

erfüllen, die sich aus der Bedingung der Konstanz der Masse

$$\delta M = \delta \iiint \varrho\, d\tau = 0$$

sofort ergibt[74]. Schließlich ermöglicht die Kontinuitätsgleichung

$$\frac{\partial \varrho}{\partial t} + \frac{\partial (\varrho\, v_j)}{\partial x_j} = 0$$

---

* Der Nullpunkt des x_i-Systems liegt auf der Rotationsachse der Erde.

[73] ERTEL, H.: Das Variationsprinzip der atmosphärischen Dynamik. S.-B. preuß. Akad. Wiss. 1933 S. 461.

[74] LICHTENSTEIN, L.: Grundlagen der Hydromechanik. S. 343. Berlin 1929.

folgende Umformung des ersten Terms der linken Seite von (103):

$$\iiint \varrho \, \frac{d}{dt} \, (v_j \, \delta x_j) \, d\tau = \frac{d}{dt} \iiint \varrho \, v_j \, \delta x_j \, d\tau \, ,$$

wie auf S. 21 bewiesen wurde. Somit ergibt sich aus (103):

$$(105) \quad \frac{d}{dt} \iiint \varrho \, v_j \, \delta x_j \, d\tau = \delta \iiint \varrho \{ E_{\mathrm{kin}} - (\varPhi + \psi) \} d\tau + 2 \iiint \varrho \, \omega_{jk} v_k \, \delta x_j \, d\tau \, .$$

Aus der Identität

$$\omega_{kj} v_k \, \delta x_j - \omega_{kj} v_j \, \delta x_k = \delta (\omega_{kj} v_k \, x_j) - \frac{d}{dt} (\omega_{kj} x_j \, \delta x_k)$$

folgt durch Vertauschung der Indizes j und k im zweiten Term der linken Seite:

$$\omega_{kj} v_k \, \delta x_j - \omega_{jk} v_k \, \delta x_j = \delta (\omega_{kj} v_k \, x_j) - \frac{d}{dt} (\omega_{kj} x_j \, \delta x_k) \, ,$$

oder wegen der Antimetrie der ω_{jk}:

$$(106) \qquad + 2 \, \omega_{jk} v_k \, \delta x_j = \delta (\omega_{jk} v_k \, x_j) - \frac{d}{dt} (\omega_{jk} x_j \, \delta x_k) \, .$$

Führen wir die Komponenten der Winkelgeschwindigkeit der Erdrotation ein (w_i), so wird:

$$\omega_{jk} \, x_j \, v_k = w_i \, \varepsilon_{ijk} \, x_j \, v_k = w_i \, D_i = \omega \, D_\omega \, ,$$

worin

$$(107) \qquad D_i = \varepsilon_{ijk} \, x_j \, v_k$$

die Komponenten des auf die Rotationsachse der Erde bezogenen Drehimpulses eines Luftmassenelements mit den Koordinaten x_j und den Geschwindigkeitskomponenten v_j bedeuten; D_ω ist die Komponente parallel der Rotationsachse der Erde*. Es wird somit (106):

$$2 \omega_{jk} v_k \, \delta x_j = \delta (\omega \, D_\omega) - \frac{d}{dt} (\omega_{jk} x_j \, \delta x_k) \, ,$$

und Substitution in (105) ergibt:

$$\frac{d}{dt} \iiint \varrho \, v_j \, \delta x_j \, d\tau = \delta \iiint \varrho \, \{ E_{\mathrm{kin}} - (\varPhi + \psi) \} \, d\tau + \iiint \varrho \, \delta (\omega \, D_\omega) \, d\tau$$

$$- \iiint \varrho \, \frac{d}{dt} (\omega_{jk} x_j \, \delta x_k) \, d\tau$$

oder nach leichter Umformung:

$$\frac{d}{dt} \iiint \varrho \, v_j \, \delta x_j \, d\tau + \frac{d}{dt} \iiint \varrho \, \omega_{jk} x_j \, \delta x_k \, d\tau$$

$$= \delta \iiint \varrho \, \{ E_{\mathrm{kin}} + \omega \, D_\omega - (\varPhi + \psi) \} d\tau \, .$$

Durch Integration über die Zeit $t_2 - t_1$ verschwindet die linke Seite wegen $(\delta x_j)_{t_1} = (\delta x_j)_{t_2} = 0$:

$$\delta \int_{t_1}^{t_2} dt \iiint \varrho \, \{ E_{\mathrm{kin}} + \omega \, D_\omega - (\varPhi + \psi) \} d\tau = 0 \, ,$$

---

* Es ist D_ω auch die doppelte Projektion der Flächengeschwindigkeit auf die Äquatorebene der Erde.

womit das Variationsprinzip (102) bewiesen ist, da die Masse $M = \int\int\int \varrho \, d\tau$ ganz beliebig angenommen werden durfte.

Es sei ausdrücklich bemerkt, daß in diesem Variationsprinzip nur Größen vorkommen, die sich auf ein mit der rotierenden Erde fix verbundenes Koordinatensystem beziehen. Es ist deshalb unter D_ω nicht der auf ein kosmisches Inertialsystem bezogene Drehimpuls einer Luftmasse („Rotationsmoment") zu verstehen, wie auch aus (107) sofort ersichtlich (enthält nicht ω!).

Meteorologische Anwendungen des Variationsprinzips in der allgemeinen Fassung (102) liegen bis jetzt noch nicht vor; in der vereinfachten Form

$$\delta \int_{t_1}^{t_2} (E_{\text{kin}} - \Phi) \, dt = 0$$

hat es RAETHJEN[75] zur Erklärung der Ausbreitungsformen von Böen herangezogen. Die Umschichtung der anfänglich instabil geschichteten Luftmassen soll nach RAETHJEN derart erfolgen, daß Horizontaltransporte nach Möglichkeit vermieden werden, wodurch die „walzenförmige" Fortpflanzung der Böen erklärt wird.

§ 6. Atmosphärische Energetik.

Die Untersuchung der atmosphärischen Energieumsetzungen: thermische Energie $\rightleftarrows$ mechanische Energie, erfordert die Kombination der hydrodynamischen und thermodynamischen Gleichungen zu einer „hydrodynamisch-thermodynamischen Energiegleichung", mit deren Hilfe zuerst MARGULES[76] als überwiegende Quelle der kinetischen Energie der Stürme die potentielle Energie der vertikalen Massenverteilung aufgezeigt hat. Wir gelangen zu dieser Energiegleichung auf folgendem Wege: Multiplikation der Bewegungsgleichungen (73) mit den Geschwindigkeitskomponenten v_j mit nachfolgender Summation $(i = j)$ und Integration über eine Luftmasse $M = \int\int\int \varrho \, d\tau$ ergibt unter Berücksichtigung der Umformung (49):

$$(108) \quad 0 = \frac{d}{dt}\int\int\int \varrho \, \frac{v_j^2}{2} \, d\tau + \frac{d}{dt}\int\int\int \varrho \, \Phi \, d\tau + \int\int\int \frac{\partial p}{\partial x_j} v_j \, d\tau - \int\int\int \varrho \, R_j v_j \, d\tau,$$

wobei wir die Bewegungsgleichungen noch durch den Reibungsterm R_i ergänzt haben, dessen spezielle Form uns zunächst nicht interessiert. Den ersten Hauptsatz der Thermodynamik (5), in dem wir uns auch die thermischen Größen in mechanischen Arbeitseinheiten gemessen denken

---

[75] RAETHJEN, P.: Zur Thermo-Hydrodynamik der Böen. Meteorol. Z. 1931 S. 11—12.

[76] MARGULES, M.: Über die Energie der Stürme. Jb. Zentralanst. f. Meteorol. Wien 1903, Anhang S. 1—26 (Wien 1905). — Vgl. auch V. BJERKNES: Theoretisch-meteorologische Mitteilungen. Meteorol. Z. 1917 S. 166—176.

(was den Fortfall des Faktors A zur Folge hat), formen wir mit Hilfe der Kontinuitätsgleichung in der Form

$$\frac{d\alpha}{dt} = \alpha \frac{\partial v_j}{\partial x_j}$$

wie folgt um:

$$\varrho \frac{d'Q}{dt} = c_v \varrho \frac{dT}{dt} + p\varrho \frac{d\alpha}{dt} = c_v \varrho \frac{dT}{dt} + p \frac{\partial v_j}{\partial x_j} = c_v \varrho \frac{dT}{dt} + \frac{\partial(p v_j)}{\partial x_j} - \frac{\partial p}{\partial x_j} \cdot v_j$$

und integrieren über das von der Masse M eingenommene Volumen:

$$\iiint \varrho \frac{d'Q}{dt} d\tau = \iiint c_v \varrho \frac{dT}{dt} d\tau + \iiint \frac{\partial(p v_j)}{\partial x_j} d\tau - \iiint \frac{\partial p}{\partial x_j} v_j d\tau ,$$

woraus mit Rücksicht auf (49) und unter Anwendung des Satzes von Gauss auf den zweiten Term der rechten Seite

$$(109) \qquad \iiint \varrho \frac{d'Q}{dt} d\tau = \frac{d}{dt} \iiint c_v \varrho T d\tau + \iint p v_j n_j d\sigma - \iiint \frac{\partial p}{\partial x_j} v_j d\tau$$

folgt, unter n_j die Komponenten des Einheitsvektors in Richtung der äußeren Normalen des Oberflächenelements $d\sigma$ verstanden. Die Addition von (108) und (109) führt durch Elimination des Terms $\iiint \frac{\partial p}{\partial x_j} v_j d\tau$ zur hydrodynamisch-thermodynamischen Energiegleichung:

$$(110) \qquad \left\{ \begin{aligned} \iiint \varrho \frac{d'Q}{dt} d\tau &= \frac{d}{dt} \iiint \varrho \frac{v_j^2}{2} \cdot d\tau + \frac{d}{dt} \iiint \varrho \Phi d\tau + \frac{d}{dt} \iiint c_v \varrho T d\tau \\ &\quad + \iint p v_j n_j d\sigma - \iiint \varrho R_j v_j d\tau , \end{aligned} \right.$$

welche die der Luftmasse M zugeführte Wärmemenge $\frac{d'Q^*}{dt} = \iiint \varrho \frac{d'Q}{dt} d\tau$ verknüpft mit

der Änderung der kinetischen Energie $\qquad E_{\mathrm{kin}} = \iiint \varrho \frac{v_j^2}{2} d\tau ,$

der Änderung der potentiellen Energie $\qquad E_{\mathrm{pot}} = \iiint \varrho \Phi d\tau ,$

der Änderung der inneren Energie $\qquad E_i = \iiint c_v \varrho T d\tau ,$

der von M an die Umgebung abgegebenen
    Druckarbeit $\qquad\qquad\qquad\qquad A^* = \iint p v_j n_j d\sigma ,$

dem Verlust kinetischer Energie durch
    Reibung $\qquad\qquad\qquad\qquad\quad R^* = -\iiint \varrho R_j v_j d\tau .$

Hat für endliche Änderungen in der Zeit $t_2 - t_1$ der Operator δ die Bedeutung $\delta(\cdots) = \int_{t_1}^{t_2} dt \frac{d}{dt} (\cdots)$ für die reinen Zustandsfunktionen E_{kin}, E_{pot}, E_i und ist $\delta'(\cdots) = \int_{t_1}^{t_2} dt(\cdots)$ für die vom Integrationswege abhängenden Größen Q^*, A^* und R^*, so kann (110) für endliche Änderungen

$$(111) \qquad \delta'Q^* = \delta(E_{\mathrm{kin}} + E_{\mathrm{pot}} + E_i) + \delta'A^* + \delta'R^*$$

geschrieben werden, welche Gleichung MARGULES für $\delta' A^* = 0$ (starre Begrenzung) „Energiegleichung des geschlossenen Systems" nennt. Indem MARGULES zur Erleichterung seiner Rechnungen noch $\delta' Q^* = 0$ setzt*, untersucht er speziell solche Systeme, welche die nötige „verfügbare kinetische Energie"

$$\delta E_{\mathrm{kin}} + \delta' R^* = - \delta (E_{\mathrm{pot}} + E_i)$$

liefern, die in den plötzlich auftretenden Stürmen auftritt, wo die großen Windgeschwindigkeiten nicht aus dem horizontalen Druckfeld erklärt werden können. $E_{\mathrm{pot}} + E_i$ heißt „gesamte potentielle Energie" (EXNER: Dynam. Meteorol., 2. Aufl. 1925 S. 158f.).

Ein näheres Eingehen auf Einzelheiten der für die atmosphärische Energetik grundlegenden MARGULESschen Arbeiten erübrigt sich hier, zumal das Wesentlichste der ziemlich langwierigen Rechnungen an leicht zugänglicher Stelle wiedergegeben ist[77]. Das wichtigste Resultat der MARGULESschen Untersuchungen besteht in dem Nachweis, daß in einem abgeschlossenen System die „potentielle Energie der horizontalen Druckgradienten" nur einen verschwindenden Beitrag zur kinetischen Energie der Stürme liefert, daß aber in der potentiellen Energie der vertikalen Massenverteilung eine ausreichende Quelle derselben vorhanden ist: „ ... ein System, in dem die Massen vertikal aus dem Gleichgewicht gebracht sind, kann die erforderliche Energie enthalten. Der Sturm entsteht danach durch Fallgeschwindigkeit und Auftriebsgeschwindigkeit, obgleich diese bei den großen horizontalen und kleinen vertikalen Dimensionen des Gebietes sich der Betrachtung entziehen. Die horizontale Druckverteilung erscheint als Übersetzung im Getriebe des Sturmes, durch sie kann ein Teil der Massen größere Geschwindigkeiten erlangen, als durch Aufsteigen im kältesten, durch Sinken im wärmsten Gebiet" (MARGULES, a. a. O. S. 26).

Durch seine diesbezüglichen Untersuchungen hat MARGULES zugleich die mehr qualitativen, im Prinzip aber in der gleichen Richtung liegenden Betrachtungen von BLASIUS[78] und BIGELOW[79] über die Be-

---

* Diese Bedingung involviert die Forderung, daß die als Folge der inneren Reibung auftretende Dissipationswärme der Luftmasse entzogen oder jedenfalls nicht neuerdings in kinetische Energie verwandelt wird.

[77] EXNER, F. M.: Dynam. Meteorol., 2. Aufl. S. 149ff. Wien 1925.

[78] BLASIUS, W.: Storms, their nature, classification and laws. Philadelphia 1875 — Stürme und moderne Meteorologie. Braunschweig 1892. — Die Bedeutung der BLASIUSschen Vorstellungen hat H. v. FICKER kritisch gewürdigt: Das meteorologische System von WILH. BLASIUS: S.-B. preuß. Akad. Wiss. 1927 S. 248—267 — ferner: Naturwiss. 1928 S. 645—652.

[79] BIGELOW, F. H.: Studies on the statics and kinematics of the atmosphere in the United States. Month. Weath. Rev. 1902 S. 251 — The mechanism of countercurrents of different temperatures in cyclones and anticyclones. Ebenda 1903 S. 72—84 — Studies on the thermodynamics of the atmosphere. Ebenda 1906 S. 9—16.

deutung der potentiellen Energie der vertikalen Massenverteilung als Quelle kinetischer Energie der Luftbewegungen in exakter Weise bestätigt; er hat auch (a. a. O.) auf die Unzulänglichkeit der älteren Theorien hingewiesen, welche die Zyklonenenergie aus der Kondensationswärme herleiten (FERREL), die neuere Meteorologie hat sich jedoch veranlaßt gesehen, auf diese älteren Theorien teilweise wieder zurückzugreifen (REFSDAL, RAETHJEN).

Es ist wohl zu beachten, daß sich die MARGULESschen Rechnungen auf ein „geschlossenes System" beziehen; in einem nicht abgeschlossenen System kann auch die potentielle Energie der horizontalen Druckverteilung zur Erklärung der kinetischen Energie der Stürme ausreichen. So hat z. B. bereits HANN[80] erwogen, ob nicht die kinetische Energie einer Zyklone aus deren Umgebung stammen könnte, und SCHMAUSS[81] und EMDEN[82] haben ähnliche Betrachtungen angestellt. Auch die Ansicht von RYD[83] wäre hier zu nennen, der annimmt, daß die Zyklonen ihre Energie aus der Westwinddrift der höheren Luftschichten schöpfen.

Neuerdings hat REFSDAL[84] zu den Ausführungen von MARGULES kritisch Stellung genommen; REFSDAL glaubt folgende Energieformen in der Atmosphäre unterscheiden zu müssen:

1. „Energie der Lage." Diese Energieform ist durch die Gravitation bedingt und tritt auf als Energie der Lage a) vertikal, b) horizontal benachbarter Luftmassen.

2. „Innere Energie."

3. „Kondensationswärme."

4. „Energie der Druckverteilung." Hierunter versteht REFSDAL die „Arbeit der von der Gravitation unabhängigen Druckkräfte", die für einen atmosphärischen Kreisprozeß durch $-\oint \frac{1}{\varrho} \frac{\partial p}{\partial t} \cdot dt$ gegeben ist (vgl. weiter unten).

5. „Labile Energie." Diese Energie definiert REFSDAL als die Summe von potentieller Energie der Lage, innerer Energie und derjenigen Energie, die bei dem betrachteten Prozeß aus der Kondensationswärme resultiert. Auch hier wird unterschieden zwischen der labilen Energie a) vertikal, b) horizontal benachbarter Luftmassen.

Die REFSDALsche Fassung des Begriffs der „Energie der Druckverteilung" erfordert ein näheres Eingehen auf denselben. Schon aus

---

[80] HANN, J. v.: Lehrb. d. Meteorol., 4. Aufl. S. 621. Leipzig 1926.

[81] SCHMAUSS, A.: Beiträge zur Dynamik der Atmosphäre. Meteorol. Z. 1917 S. 97—121 — Randbemerkungen II. Ebenda 1919 S. 11.—16.

[82] EMDEN, R.: Besprechung von F. M. EXNER, Dynam. Meteorol., 1. Aufl. 1917 — Meteorol. Z. 1917 S. 393—398.

[83] RYD, V. H.: Meteorological Problems II, The energy of the winds. Publ. fra Det Danske Meteorol. Inst., Meddelelser Nr. 7. Kopenhagen 1927.

[84] REFSDAL, A.: Zur Thermodynamik der Atmosphäre. Geofys. Publ. Oslo Bd. 9 Nr. 12.

(110) scheint ersichtlich, daß bei Vernachlässigung der Reibung ein atmosphärischer Kreisprozeß

$$\oint dt \iiint \varrho \, \frac{d'Q}{dt} \, d\tau = \delta(E_{\mathrm{kin}} + E_{\mathrm{pot}}) + \oint dt \iint p \, v_j \, n_j \, d\sigma$$

nur dann Arbeit (in positivem oder negativem Sinne) zu liefern vermag, wenn bei dem aus „Hinweg" und „Rückweg" zusammengesetzten Zustandweg bei Rückweg andere Druckverhältnisse vorherrschen als auf dem Hinweg; andernfalls verschwindet das Integral $\oint dt \int \int p \, v_j \, n_j \, d\sigma$. Klarer werden diese Verhältnisse durch folgende Umformung: Man addiere zu (108) unter Vernachlässigung der Reibung, die aus dem ersten Hauptsatz in der Form

$$\frac{d'Q}{dt} = c_p \, \frac{dT}{dt} - \alpha \, \frac{dp}{dt}$$

folgende Gleichung

$$\iiint \varrho \, \frac{d'Q}{dt} \, d\tau = \frac{d}{dt} \iiint c_p \varrho \, T \, d\tau - \iiint \frac{\partial p}{\partial x_j} \, v_j \, d\tau - \iiint \frac{\partial p}{dt} \, d\tau \, .$$

Man erhält:

$$(111) \quad \begin{cases} \iiint \varrho \, \frac{d'Q}{dt} \, d\tau = \frac{d}{dt} \iiint \varrho \, \frac{v_j^2}{2} \, d\tau + \frac{d}{dt} \iiint \varrho \, \varPhi \, d\tau \\[2mm] \qquad + \frac{d}{dt} \iiint c_p \varrho \, T \, d\tau - \iiint \frac{\partial p}{\partial t} \, d\tau \end{cases}$$

und für einen Kreisprozeß:

$$(112) \quad \begin{cases} \oint dt \iiint \varrho \, \frac{d'Q}{dt} \, d\tau = - \oint dt \iiint \frac{\partial p}{\partial t} \, d\tau + \oint dt \, \frac{d}{dt} \iiint \varrho \, \frac{v_j^2}{2} \, d\tau \\[2mm] \qquad + \oint dt \, \frac{d}{dt} \iiint \varrho \, \varPhi \, d\tau \, , \end{cases}$$

in welcher Gleichung der erste Term der rechten Seite die „Energie der Druckverteilung" im Sinne REFSDALS definiert (a. a. O. S. 12), die speziell für die Masseneinheit

$$(113) \qquad\qquad - \oint \frac{1}{\varrho} \, \frac{\partial p}{\partial t} \, dt$$

beträgt (Punktmechanisches Analogon: Partikelbewegung in einem nichtstationären Potentialfeld).

„Durch diese Energie entstehen in der Atmosphäre Bewegungen, welche versuchen, die Atmosphäre möglichst schnell wieder in den Gleichgewichtszustand zu bringen. Die Atmosphäre arbeitet mit anderen Worten in der Weise, daß das statische Gleichgewicht durch lokale Druckänderungen ein wenig gestört wird, wonach Bewegungen einsetzen, die diese Störung aufzuheben versuchen. Da sich die Atmosphäre immer in annähernd statischem Gleichgewicht befindet, folgt daraus, daß die Energie der Druckverteilung, als Energiequelle betrachtet, nur unbedeutend ist, obgleich sie ein unbedingt notwendiges

Glied der Energieumwandlungen in der Atmosphäre bildet" (REFSDAL, a. a. O. S. 12). Demzufolge gelangt REFSDAL zu folgendem Schema der atmosphärischen Energieumwandlungen*:

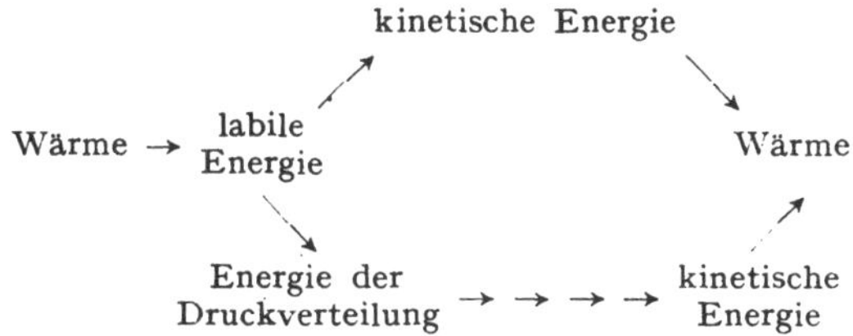

wozu noch zu bemerken ist, daß nach REFSDAL die CORIOLISkräfte bei atmosphärischen Kreisprozessen derart wirken sollen, daß sie versuchen, die Kreisprozesse annähernd quasistatisch umzuformen, d. h. die Energieumwandlung soll den unteren Weg des obigen Schemas bevorzugen.

Abweichend von der REFSDALschen Klassifikation hat BRUNT[85] eine Einteilung der atmosphärischen Energieformen und ihrer Umsetzungen gegeben, die einfacher ist. BRUNT unterscheidet:

1. Kinetische Energie (der „ausgeglichenen" Bewegungen).
2. Turbulenzenergie.
3. Thermische Energie.
4. Potentielle Energie (bedingt durch das Gravitationsfeld).

Zwischen diesen Energieformen sind folgende Übergänge möglich:

a) $1 \begin{cases} \nearrow 2 \to (3 + 4) \\ \searrow (3 + 4) \end{cases}$

b) $2 \to (3 + 4)$

c) $2 \rightleftarrows (3 + 4)$

d) $(3 + 4) \to 1$

wobei in den Übergängen c) das obere Zeichen sich auf einen stabilen, das untere auf einen instabilen Zustand der Atmosphäre bezieht.

Bei der Anwendung der Gleichungen (110) bzw. (111) auf die gesamte Atmosphäre verschwindet die Druckarbeit $A^* = \int \int p\, v_j n_j\, d\sigma$, da sie sich wegen $p \to 0$ für $z \to \infty$ auf ein über die Erdoberfläche zu erstreckendes Integral reduziert; an der Erdoberfläche verschwindet aber die Normalkomponente der Geschwindigkeit $(v_j n_j)$ nach der kinematischen Grenzflächenbedingung. Die Gleichung (111) reduziert sich also auf

$$(114) \qquad \delta' Q^* = \delta (E_{\text{kin}} + E_{\text{pot}} + E_i) + \delta' R^*.$$

Da erfahrungsgemäß im Mittel über längere Zeiträume weder die kinetische noch die potentielle oder die innere Energie eine kontinuierliche Zu- oder Abnahme erfährt, muß

$$(115) \qquad \overline{\delta' Q^*} = \overline{\delta' R^*}$$

---

* Auf S. 55 der REFSDALschen Arbeit ist noch ein vervollständigtes Schema angegeben.

[85] BRUNT, D.: Physical and Dynamical Meteorology. S. 274 f. Cambridge 1934.

sein, wobei zur physikalischen Deutung dieser Gleichung zu beachten ist, daß die linke Seite die durch irreversible Vorgänge in der Atmosphäre erzeugte Wärme mitenthält; zur Berechnung des Nutzeffekts der atmosphärischen Zirkulation läßt sich diese Gleichung nicht verwenden.

Die Abschätzungen des Wirkungsgrades ($\overset{*}{\eta}$) der atmosphärischen Zirkulation differieren in ihren Resultaten noch erheblich: SVERDRUP[86] fand für die Passatzirkulation noch verschiedene Methoden $\overset{*}{\eta} = 8,8\%$ und $\overset{*}{\eta} = 3,2\%$; er hält den zweiten Wert für den richtigeren. REFSDAL[87] gelangt zu höheren Werten, nämlich $\overset{*}{\eta} = 17,5\%$ für die tropische Zirkulation und $\overset{*}{\eta} = 14,6\%$ für die außertropische Zirkulation. Die Unterschiede der Abschätzungen erklären sich hauptsächlich durch die verschiedenen Annahmen über die Höhen und damit die Temperaturen der Schichten, in denen die Wärmezufuhr und die Wärmeabgabe vorwiegend erfolgen. Nach einem zuerst von SANDSTRÖM[88] abgeleiteten Satz muß in einer stationären, thermisch unterhaltenen atmosphärischen (und ozeanischen) Zirkulation die Kältequelle höher als die Wärmequelle liegen, damit die Druckkräfte unter Arbeitsleistung die Reibungswiderstände überwinden können[89]. (Beweis mittels des CARNOT-Diagramms, das in der Richtung durchlaufen werden muß, daß $-\oint \frac{1}{\varrho} dp > 0$ wird.) Die REFSDALschen Abschätzungen des Wirkungsgrades ergeben sich folgendermaßen: Die Wärmequelle der tropischen Zirkulation wird mit SVERDRUP (a. a. O.) in etwa 3000 dyn. Meter verlegt und die Temperatur daselbst mit $T_1 = 285°$ abs. angenommen; die Lage der Wärmequelle der außertropischen Zirkulation schätzt REFSDAL auf etwa 2000 dyn. Meter und die entsprechende Temperatur auf $T_1 = 270°$ abs. Den Annahmen über die Lage der Kältequellen werden die Daten von ALBRECHT[90] über die Lage der Emissionsschicht (vgl. S. 79) zugrunde gelegt: 10 km Höhe in den Tropen, 8 km in mittleren Breiten; die entsprechenden Temperaturen $T_2 = 235°$ (Tropen) und $T_2 = 230°$ ergeben dann in Verbindung mit den Temperaturen der entsprechenden Wärmequellen die oben angegebenen Wirkungsgrade gemäß Gleichung (17).

[86] SVERDRUP, H. U.: Der nordatlantische Passat. Veröff. geophys. Inst. Leipzig, 2. Ser., Bd. 2 (1917) Nr. 1.

[87] REFSDAL, A.: a. a. O. S. 50.

[88] SANDSTRÖM, J. W.: Meteorologische Studien im schwedischen Hochgebirge. Göteborgs Kungl. Vetensk. och Vitterhetssamh. Handl., Fjerde Földjen, Bd. 17 (1916) S. 2. — Vgl. auch V. BJERKNES: Über thermodynamische Maschinen, die unter Mitwirkung der Schwerkraft arbeiten. Abh. Sächs. Akad. Wiss. Bd. 35 (1916) Nr. 1 — Physik. Z. 1916 S. 335—341.

[89] R. WENGER hat gelehrt, daß der SANDSTRÖMsche Satz den Spezialfall eines allgemeinen Satzes darstellt, der besagt, daß die Wärmezufuhr unter höherem Druck erfolgen muß als die Wärmeabgabe (Physik. Z. 1916 S. 547—549).

[90] ALBRECHT, F.: Über die „Glashauswirkung" der Erdatmosphäre und das Zustandekommen der Troposphäre. Meteorol. Z. 1931 S. 57—68.

Da die Voraussetzung, daß die genannten Zirkulationen als geschlossenen Kreisläufen entsprechende thermodynamische Maschinen aufgefaßt werden können, wohl nur in erster Näherung erfüllt ist (vgl. H. U. SVERDRUP: a. a. O. S. 84), lassen sich präzisere Angaben über die wahren Nutzeffekte der atmosphärischen Bewegungen zur Zeit kaum erzielen.

Den atmosphärischen Energieverbrauch durch Reibung hat zuerst MARGULES[91] abgeschätzt. Indem er sich des STOKESschen Dissipationstheorems bediente, konnte er zeigen, daß durch molekulare Reibung der Aufbrauch der kinetischen Energie der Luftbewegungen nicht erklärt werden kann, denn selbst mit übertriebenen Annahmen über die Geschwindigkeit und Höhe der kinetische Energie in Wärme dissipierenden Luftmassen müßte erst in einer Zeit von der Größenordnung von 20 bis 30 Tagen die kinetische Energie auf ein Viertel (die Geschwindigkeit also auf die Hälfte) des Anfangswertes abgenommen haben, während erfahrungsgemäß die kinetische Energie der Stürme viel schneller erlischt. Zur Erklärung dieser Diskrepanz weist MARGULES bereits auf die Turbulenz der Luftbewegung hin und er sieht in der unregelmäßigen Wirbelbildung und vor allem in der durch die Rauhigkeiten der Unterlage bedingten Grenzflächenreibung die Ursachen stärkerer Energiedissipation. Dank der raschen Entwicklung der atmosphärischen Turbulenzforschung in den folgenden Dezennien konnte SVERDRUP[92] den Berechnungen des atmosphärischen Energieverbrauchs* durch Reibung eine exaktere Basis geben; indem er an Stelle des molekularen Reibungskoeffizienten den virtuellen („molaren", vgl. S. 33) benutzt, dessen Größenordnung und Variation mit der Höhe (z) er gemeinsam mit HESSELBERG[93] eingehend untersucht hatte, berechnet SVERDRUP den Energieverbrauch durch Reibung direkt mittels

$$(116) \qquad R^* = - \int_0^\infty \frac{\partial}{\partial z}\left(\eta \frac{\partial v_j}{\partial z}\right) \cdot v_j \, dz,$$

und zwar getrennt für einzelne Höhenschichten; er schätzt auf Grund dessen unter mittleren Verhältnissen den sekundlichen Energieverbrauch in einer Luftsäule $(0, \infty)$ vom Querschnitt $1\,\mathrm{cm}^2$ zu $R^* = 4 \cdot 10^{-4}\,\mathrm{Watt/cm}^2$ (als Mittelwert für die ganze Erde). Nun hat WILH. SCHMIDT[94] darauf hingewiesen, daß (116) gar nicht den Energieverbrauch durch Reibung

---

[91] MARGULES, M.: Über den Arbeitswert einer Luftdruckverteilung und über die Erhaltung der Druckunterschiede. Denkschr. Akad. Wiss. Wien Bd. 73 (1901).

[92] SVERDRUP, H. U.: Über den Energieverbrauch der Atmosphäre. Veröff. geophys. Inst. Leipzig, 2. Ser., Bd. 2 Nr. 4.

* Es handelt sich bei den folgenden Rechnungen um den Übergang der Energie der „ausgeglichenen" Bewegungen in Turbulenzenergie und Grenzflächenarbeit.

[93] HESSELBERG, TH., u. H. U. SVERDRUP: Die Reibung in der Atmosphäre. Veröff. geophys. Inst. Leipzig, 2. Ser., Bd. 1 Nr. 10.

[94] SCHMIDT, WILH.: Über Arbeitsleistung und Arbeitsverbrauch in der freien Luft. Ann. Hydrogr. 1918 S. 324—332.

in der Luftsäule ausdrückt, sondern daß dieser vielmehr durch

$$(117) \qquad R^*_{(i)} = \int_0^\infty \eta \left(\frac{\partial v_j}{\partial z}\right)^2 dz$$

als Spezialfall (besser: Analogon) des STOKESschen Dissipationstheorems dargestellt wird; er findet mit den gleichen Daten, die auch SVERDRUP benutzte: $R^*_{(i)} = 0{,}91 \cdot 10^{-4}$ Watt/cm². Der Unterschied zwischen (116) und (117) klärt sich nach HESSELBERG[95] und EXNER wie folgt auf: Partielle Integration von (116) ergibt:

$$(118) \qquad R^* = \left(\eta \frac{\partial v_j}{\partial z} \cdot v_j\right)_{z=0} + \int_0^\infty \eta \left(\frac{\partial v_j}{\partial z}\right)^2 dz = R^*_{(g)} + R^*_{(i)},$$

worin $R^*_{(g)}$ den Energieverbrauch durch Grenzflächenreibung darstellt. Da WILH. SCHMIDT (a. a. O.) mit den gleichen Ausgangswerten wie SVERDRUP für $R^*_{(i)}$ nur den vierten bis fünften Teil der gesamten Reibungsleistung R^* erhielt, scheint ganz im Sinne der MARGULESschen Vorstellungen dem durch die Grenzflächenreibung bedingten Energieverbrauch die überwiegende Bedeutung zuzukommen. Für den großen Wert der Grenzflächenreibungsleistung $R^*_{(g)} = \left(\eta \frac{\partial v_j}{\partial z} \cdot v_j\right)_{z=0}$ ist offenbar der enorme Geschwindigkeitsgradient in den bodennahen Schichten ($\leqq 10$ m über Kontinenten, $\leqq 1$ m über Ozeanen; vgl. V. W. EKMAN[96]) ausschlaggebend; η konvergiert zwar für $z \to 0$ gegen Null (bzw. gegen den molekularen Reibungskoeffizienten), $T_j = \left(\eta \frac{\partial v_j}{\partial z}\right)_{z=0}$ bleibt aber endlich und mißt den Tangentialdruck des Windes auf die Erd- bzw. Meeresoberfläche. Neuerdings hat ISIMARU[97] die Dissipationsberechnung auch unter Berücksichtigung der von SAKAKIBARA eingeführten „transversalen Reibung" (vgl. S. 94)

$$R_x = \frac{\nu}{\varrho} \frac{\partial^2 v_y}{\partial z^2}, \qquad R_y = -\frac{\nu}{\varrho} \frac{\partial^2 v_x}{\partial z^2}$$

durchgeführt; zur Dissipation im Innern der Luftmasse trägt diese transversale Reibung nichts bei, für die Grenzflächenarbeitsleistung ergibt sie den Zusatzterm $\nu \left\{ v_y \frac{\partial v_x}{\partial z} - v_x \frac{\partial v_y}{\partial z} \right\}$.

Es sei noch bemerkt, daß die oben mitgeteilten Berechnungen des Energieverbrauchs durch Reibung mit Hilfe der Lösungen der Differentialgleichungen des stationären geostrophisch-antitriptischen Wind-

[95] HESSELBERG, TH.: Über Reibung und Dissipation in der Atmosphäre. Geofys. Publ. Oslo Bd. 3 Nr. 5. — EXNER, F. M.: Dynam. Meteorol., 2. Aufl. S. 184.

[96] EKMAN, V. W.: Eddy-viscosity and skin-friction in the dynamics of winds and ocean-currents. Mem. Roy. Meteorol. Soc., Lond. 1928 Nr. 20.

[97] ISIMARU, Y.: On the dissipation of the energy due to internal friction in the atmosphere. Geophys. Mag. Tokyo Bd. 2 (1930) S. 133—138.

feldes (vgl. S. 91) ausgeführt wurden, gegen die jedoch RYD[98] Einwände erhoben hat. Indessen scheint für die gesamte Reibungsleistung die Größenordnung von 10^{-4} Watt/cm^2 den mittleren Verhältnissen recht gut zu entsprechen, wenn man zum Vergleich die Berechnungen heranzieht, die ohne Verwendung der von RYD beanstandeten Lösungen ausgeführt wurden, allerdings für Bewegungen mit größeren Energieumsätzen. HORIGUTI[99], der die Energetik des „Okinawa-Taifuns" (August 1924) eingehend untersucht hat, ermittelte z. B. die gesamte Reibungsleistung im Taifungebiet (Radius $=$ 700 km) zu $5 \cdot 10^{20}$ erg sec^{-1}, welcher Betrag pro Flächeneinheit $3,2 \cdot 10^{-3}$ Watt/cm^2 entspricht, das ist das Achtfache des von SVERDRUP geschätzten Mittelwertes $4 \cdot 10^{-4}$ Watt/cm^2 für die ganze Erde; eine derartige Steigerung der Reibungsarbeit im Taifungebiet erscheint zwar etwas gering, ist aber gewiß plausibel im Hinblick auf die Ausgleichung über ein Gebiet von 700 km Radius.

Die zitierte Arbeit von HORIGUTI gibt auch über die Umsetzungen der anderen Energieformen Auskunft. HORIGUTI betrachtet einen nahezu stationären Zustand des Okinawa-Taifuns und ermittelt für ein Gebiet von 700 km Radius (Flächeninhalt $=$ $1,54 \cdot 10^{16}$ cm^2) und 11 km Höhe die Werte der meteorologischen Elemente teils aus Beobachtungen, teils mit Hilfe analytischer Interpolationsformeln, woraus er folgende Energieumsetzungen ableitet (wegen des stationären Zustandes verschwindet in $\frac{d}{dt} \iiint \cdots d\tau$ der „lokale" Term $\frac{\partial}{\partial t} \iiint \cdots d\tau$ und es verbleibt nur die „konvektive Änderung" $\iint \cdots n_k v_k d\sigma$; n bedeutet hier die *innere* Normale):

$$\delta E_{\mathrm{kin}} = \iint \varrho \, \frac{v_j^2}{2} \cdot n_k v_k \, d\sigma \qquad = -\ 1,6 \ \cdot 10^{19} \ \mathrm{erg} \cdot \mathrm{sec}^{-1}$$

$$\delta E_{\mathrm{pot}} = \iint \varrho \, g z \cdot n_k v_k \, d\sigma \qquad = -\ 9,53 \cdot 10^{21} \qquad \text{,,}$$

$$\delta E_i \ = \iint c_v \varrho \, T \cdot n_k v_k \, d\sigma \qquad = \ 5,32 \cdot 10^{21} \qquad \text{,,}$$

$$\qquad - \iiint \frac{\partial p}{\partial x_j} v_j \cdot d\tau \qquad = \ 10,0 \ \cdot 10^{21} \qquad \text{,,}$$

$$\delta R^* \ = - \iiint \varrho \, R_j v_j \, d\tau \qquad = \ 5,0 \ \cdot 10^{20} \qquad \text{,,}$$

$$\delta' Q_R^* = \text{Strahlung} \qquad = -\ 2,7 \ \cdot 10^{21} \qquad \text{,,}$$

$$\delta' Q_C^* = \text{Kondensationswärme} = \ 7,3 \ \cdot 10^{21} \qquad \text{,,}$$

$$\delta' Q_D^* = \text{Dissipationswärme}^* \ = \ 3,3 \ \cdot 10^{20} \qquad \text{,,}$$

$$\delta' A^* \ = \iint p \, n_k v_k \, d\sigma \qquad = \ 1,82 \cdot 10^{21} \qquad \text{,,}$$

---

[98] RYD, V. H.: Die Reibung in der Atmosphäre. Ann. Hydrogr. 1918 S. 242 bis 246.

[99] HORIGUTI, Y.: On the energy of a typhoon. Geophys. Mag. Tokyo Bd. 6 (1932) (Okada-Bd.) S. 39—57. — Vgl. hierzu des gleichen Autors: On the typhoon in the Far East. Mem. Imp. Marine Obs. Kobe Bd. 2 (1926) u. f.

* Wird abgeschätzt: $\delta' Q_D^* = \frac{2}{3} \delta' R^*$, was viel zu groß sein dürfte.

Auf die Flächeneinheit umgerechnet sind die Energieumsätze von der Größenordnung 10^{-2} bis 10^{-4} Watt/cm². Der Taifun ist kein „geschlossenes System" im MARGULESschen Sinne, es ist ja magn $\delta'A^* = 10^{21}$!

Die Energieumsätze in den Zyklonen der mittleren Breiten scheinen etwas kleiner zu sein, denn SCHRÖDER[100] ermittelte für eine (allerdings regenerierte) Zyklone $\delta E_{kin} + \delta'R^* = 5{,}4 \cdot 10^{14}$ Kilojoule und $\delta(E_{pot} + E_i) = 5{,}6 \cdot 10^{14}$ Kilojoule als Energieumsätze über einer Fläche $2{,}34 \cdot 10^{16}$ cm² in 18 Stunden, was einer Größenordnung von 10^{-4} Watt/cm² entspricht.

Die besondere Rolle der *Passatgebiete* für den Energiehaushalt der Atmosphäre ist kürzlich durch die Untersuchungen H. v. FICKERS klargestellt worden[101]. Nach seinen Untersuchungen besteht der Passat aus einer feuchten und relativ kühlen „Grundströmung", die durch die Passatinversion von der trockenen und warmen Oberströmung, die ebenfalls äquatorwärts driftet, abgeschlossen ist. Die stabilisierende Wirkung der Inversion hat zur Folge, daß die von der Meeresoberfläche durch Anheizung und Wasserdampfzufuhr in die Grundströmung übergehende Energie nicht in die Oberströmung gelangen kann, da die Passatinversion austauschhemmend wirkt. Infolgedessen wird fast die ganze zugeführte Energie in der Grundströmung akkumuliert und in die äquatoriale Kalmenzone verfrachtet, die dadurch, wie JAW[102] zeigte, einen Energiestrom E erhält, der den Betrag der solaren Energiezufuhr der Kalmenzone E' um ein Mehrfaches übersteigt ($E = 6E'$). Der von v. FICKER ermittelte Betrag der Energieakkumulation (rund 10 Kal./kg Luft der Grundströmung) konnte von JAW durch eine genauere Berechnung in der Größenordnung bestätigt werden (7 bis 7,5 Kal./kg). Die energieakkumulierende Funktion der Passate muß eine Steigerung des Nutzeffektes der atmosphärischen Zirkulation zur Folge haben, weil dadurch der Atmosphäre große Wärmemengen bei höherer Temperatur zugeführt werden (Technisches Analogon: Vorwärmungsprinzip).

[100] SCHRÖDER, R.: Die Regeneration einer Zyklone über Nord- und Ostsee. Veröff. geophys. Inst. Leipzig, 2. Ser., Bd. 4 Nr. 2.

[101] FICKER, H. v.: Die Passatinversion. Veröff. meteorol. Inst. Univ. Berlin Bd. 1 Heft 4. Berlin 1936 — Bemerkung über den Wärmeumsatz innerhalb der Passatzirkulation. S.-B. preuß. Akad. Wiss. 1936 S. 103.

[102] JAW, J.: Zur Thermodynamik der Passat-Grundströmung. Veröff. meteorol. Inst. Univ. Berlin Bd. 2 Heft 6. Berlin 1937.

III. Spezielle Dynamik der Atmosphäre.

§ 1. Grundgleichungen der atmosphärischen Statik.

Die Grundgleichungen der atmosphärischen Statik ergeben sich aus den Bewegungsgleichungen (87) bzw. (88) durch Nullsetzen aller Geschwindigkeitskomponenten zu

$$(119) \qquad 0 = \frac{\partial \Phi}{\partial x_i} + \frac{1}{\varrho} \frac{\partial p}{\partial x_i} \qquad \text{oder} \qquad 0 = \frac{\partial \Phi}{\partial x_i} + \alpha \frac{\partial p}{\partial x_i},$$

hieraus folgen durch Rotationsbildung (ε_{ijk} ist der auf S. 20 erklärte Tensor) die Gleichungen:

$$(120) \quad 0 = \varepsilon_{ijk} \frac{\partial p}{\partial x_j} \frac{\partial \varrho}{\partial x_k}, \quad 0 = \varepsilon_{ijk} \frac{\partial p}{\partial x_j} \frac{\partial \alpha}{\partial x_k}, \quad 0 = \varepsilon_{ijk} \frac{\partial \varrho}{\partial x_j} \frac{\partial \Phi}{\partial x_k}, \quad 0 = \varepsilon_{ijk} \frac{\partial \alpha}{\partial x_j} \frac{\partial \Phi}{\partial x_k},$$

und durch Elimination von ϱ bzw. α aus (119) ergibt sich:

$$(121) \qquad 0 = \varepsilon_{ijk} \frac{\partial \Phi}{\partial x_j} \frac{\partial p}{\partial x_k}.$$

Die Relationen (120) und (121) sind die analytische Form der Bedingung des Zusammenfallens der Flächensysteme $\Phi = \text{konst.}$, $p = \text{konst.}$, $\varrho = \text{konst.}$, $\alpha = \text{konst.}$, und mittels der Zustandsgleichung (1) läßt sich zeigen, daß auch die Isothermenflächen $T = \text{konst.}$ dieser Bedingung genügen, daher auch die Isentropenflächen $S = \text{konst.}$ und die Flächen gleicher potentieller Temperatur $\vartheta = \text{konst.}$[103].

Wenn $x_1 = x$, $x_2 = y$ „horizontale" Koordinaten bedeuten ($\partial \Phi / \partial x = \partial \Phi / \partial y = 0$) und $x_3 = z$ positiv gezählt wird in Richtung zunehmender potentieller Energie des Schwerefeldes, so reduziert sich (119) auf $\partial p / \partial x = \partial p / \partial y = 0$ und

$$(122) \qquad \frac{\partial p}{\partial z} = -g \varrho,$$

wegen $\partial \Phi / \partial z = g$. (122) heißt „statische Grundgleichung"; sie wird wegen (1) gewöhnlich in der Form

$$(123) \qquad \frac{\partial \ln p}{\partial z} = -\frac{g}{RT}$$

benutzt und gestattet bei bekannter Temperaturverteilung $T(z)$ in einem Intervall (z_1, z_2) die Berechnung des Druckes* aus

$$(124) \qquad p_2 = p_1 \cdot \exp\left(-\int_{z_1}^{z_2} \frac{g}{R} \frac{dz}{T}\right) = p_1 \cdot \exp\left\{-\frac{g}{R} \frac{(z_2 - z_1)}{T_m}\right\}.$$

---

[103] ANSEL, E. A.: Beiträge zur Dynamik und Thermodynamik der Atmosphäre. Diss. Göttingen 1913.

* Auf die umgekehrte Aufgabe, aus den gemessenen Drucken p_1, p_2 bei bekanntem $T(z)$ ($z_1 \leqq z \leqq z_2$) die Höhendifferenz $z_2 - z_1$ zu berechnen („barometrische Höhenmessung"), kann hier nicht näher eingegangen werden.

wobei für die Zwecke der dynamischen Meteorologie von der Abnahme von g mit der Höhe abgesehen werden kann*; hierin heißt

$$(125) \qquad T_m = \frac{z_2 - z_1}{\int\limits_{z_1}^{z_2} \frac{dz}{T}}$$

„barometrische Mitteltemperatur". Dieselbe ist nur im Falle der Isothermie $T = \mathrm{konst.}$ mit der „arithmetischen Mitteltemperatur"

$$(126) \qquad \bar{T} = \frac{1}{(z_2 - z_1)} \int\limits_{z_1}^{z_2} T \, dz$$

identisch**, sonst ist $T_m < \bar{T}$, wie immer $T(z)$ auch mit der Höhe variiert. Das graphische Bild von $T(z)$ heißt „geometrische Zustandskurve" (der Temperatur).

§ 2. Polytrope Atmosphären.

Ein beliebiges Luftquantum der ruhenden Atmosphäre unterwerfen wir (etwa durch eine quasistatische Verschiebung) einer „individuellen Zustandsänderung". Muß diese Zustandsänderung nach einer Polytropen der Klasse n erfolgen, damit der Fall der Autobarotropie (vgl. S. 37) eintritt, so heißt die Atmosphäre „nach der Polytropen der Klasse n aufgebaut". Für polytrope Atmosphären gelten folgende einfache Gesetzmäßigkeiten[104]: Es ist $dp/\varrho = (n + 1) R \cdot dT$ (vgl. S. 10), also wegen der Autobarotropie (Übereinstimmung von „geometrischer" und individueller Zustandsänderung): $\frac{1}{\varrho} \frac{\partial p}{\partial z} = (n + 1) R \frac{\partial T}{\partial z}$, woraus sich in Verbindung mit (122) ergibt:

$$(127) \qquad -\frac{\partial T}{\partial z} = \frac{g}{R} \frac{1}{(n + 1)},$$

---

* Bei der Behandlung des Problems der gesamten Atmosphärenmasse ist jedoch diese Vereinfachung nicht statthaft (vgl. hierzu E. MASCART: Sur la masse de l'atmosphère. C. R. Acad. Sci., Paris Bd. 114 S. 93—99. — EKHOLM, N.: Über die Höhe der homogenen Atmosphären usw. Meteorol. Z. 1902 S. 249—260. — TRABERT, W.: Lehrb. d. kosm. Physik. S. 307. Leipzig-Berlin 1911. — EMDEN, R.: Gaskugeln. Leipzig-Berlin 1907). Beiläufig sei bemerkt, daß eine exakte Berechnung der Gesamtmasse der Atmosphäre nicht möglich ist, man kann aber angeben, daß die Masse der Atmosphäre $5{,}2 \cdot 10^{21}$ g beträgt, wenn die Luftschichten unberücksichtigt bleiben, deren Dichte $< 10^{-20}$ g cm^{-3} ist; diese Angabe genügt aber für die Zwecke der dynamischen Meteorologie. Man beachte zum Vergleich, daß einer Dichte 10^{-20} g cm^{-3} etwa 1500 He-Atome/cm^3 entsprechen, allein in 1000 km Höhe sind nach CHAPMAN und MILNE noch immer 10^5 He-Atome/cm^3.

** Bei linearer Temperaturänderung ist *in erster Näherung* $T_m = \bar{T}$ (vgl. z. B. F. M. EXNER: Dynam. Meteorol., 2. Aufl. S. 39/40).

[104] EMDEN, R.: Beiträge zur Thermodynamik der Atmosphäre, 1. Mitt. Meteorol. Z. 1916 S. 351—360 — Thermodynamik der Himmelskörper. Enzykl. d. Math. Wiss. Bd. 6, 2 B Heft 2 (1926) S. 395ff.

d. h. in einer polytropen Atmosphäre herrscht ein konstanter Temperaturgradient. Bei einer Ausgangstemperatur T_0 für $z = 0$ ist demnach in der Höhe

$$(128) \qquad H_n = \frac{R T_0}{g} (n + 1)$$

die Temperatur auf Null herabgesunken, dort ist auch (vgl. weiter unten) $p = \varrho = 0$. H_n heißt „Höhe der polytropen Atmosphäre", speziell ist

$$(129) \qquad H_0 = \frac{R T_0}{g} = 7991 \left(\frac{T_0}{273}\right) \frac{g_{45}}{g} = H_0(0) \cdot \left(\frac{T_0}{273}\right) \frac{g_{45}}{g} \; [\text{m}]$$

die „Höhe der homogenen Atmosphäre" ($n = 0$, $\varrho = $ konst. $= \varrho_0$), worin $H_0(0) = 7991$ m die Höhe der homogenen Atmosphäre für $T_0 = 273°$ und Normalschwere bedeutet. Mit Einführung der Höhe der polytropen Atmosphäre H_n ist die Abhängigkeit der Zustandsgrößen T, p, ϱ von der Höhe z durch die einfachen Beziehungen gegeben:

$$(130) \qquad \begin{cases} T = T_0 \left(1 - \dfrac{z}{H_n}\right), \\[2mm] p = p_0 \left(1 - \dfrac{z}{H_n}\right)^{n+1}, \\[2mm] \varrho = \varrho_0 \left(1 - \dfrac{z}{H_n}\right)^{n}, \end{cases}$$

aus denen durch den Grenzübergang $n \to \infty$ die für die isotherme Atmosphäre geltenden Gleichungen ($T = T_0 = $ konst.)

$$(131) \qquad p = p_0 \cdot \exp\left(-\frac{z}{H_n}\right), \qquad \varrho = \varrho_0 \cdot \exp\left(-\frac{z}{H_n}\right)$$

resultieren, die auch direkt aus (124) durch Integration mit Rücksicht auf (128) folgen. Durch Umkehrung von (130) ergibt sich die „polytrope Höhenformel"

$$(132) \qquad z = H_n \left\{1 - \left(\frac{p}{p_0}\right)^{\frac{1}{n+1}}\right\},$$

deren Verwendbarkeit CRAMER[105] diskutiert hat.

§ 3. Stabilitätskriterien.

Die statischen Bedingungen (122) bzw. (123) charakterisieren den Ruhezustand einer Luftmasse noch nicht erschöpfend, es müssen noch Angaben über das Verhalten der Luftmasse gegenüber Störungen hinzutreten. Wie immer die Temperatur auch mit der Höhe variieren möge, eine Luftmasse kann sich trotzdem im Gleichgewicht befinden, solange nur in der Horizontalen keine Dichteunterschiede auftreten (diesen

---

[105] CRAMER, H.: Zur Anwendung der polytropen Höhenformel. Meteorol. Z. 1917 S. 87—89. — Vgl. auch P. SCHREIBER: Zur polytropen Atmosphäre. Ebenda 1920 S. 73—77.

Punkt hat besonders EKMAN klargestellt, vgl. S. 65); damit jedoch auch bei Störungen das Gleichgewicht erhalten bleibt, muß der vertikale Temperaturgradient gewissen „Stabilitätsbedingungen" genügen.

Aus der auf „Stabilität zu untersuchenden Luftschicht" grenzen wir eine als „Probekörper" dienende beliebig große Luftmasse $M = \int\int\int \varrho \, d\tau$ ab und denken uns dieselbe einer virtuellen Verschiebung (Komponenten δx_j) unterworfen; die Bedingung der Konstanz der Masse fordert für die δx_j das Bestehen der Gleichung (104). Infolge der Verschiebung erleidet M eine thermodynamische Zustandsänderung, die durch die Polytrope $n = 1/(\varkappa - 1)$ (Isentrope) bestimmt sei (da in der Meteorologie vorwiegend die Stabilität einer Schichtung hinsichtlich adiabatischer Störungen betrachtet wird). Ist die Störung reversibel, so ist dadurch die Stabilität der Schichtung gewährleistet; andererseits erfordert die Bedingung der Reversibilität gemäß den thermodynamischen Gleichgewichtsbedingungen (10):

$$ T \delta S \leqq \delta \int\int\int c_p \varrho \, T \, d\tau - \int\int\int \frac{\partial p}{\partial x_j} \, \delta x_j \, d\tau \,, $$

worin die rechte Seite analog der auf S. 45 durchgeführten Rechnung zu gewinnen ist, unter Berücksichtigung des Umstandes, daß die Verschiebungen δx_j virtuelle sind ($\delta t = 0$). Für isentropische Zustandsänderungen muß also

$$ 0 \leqq \int\int\int \varrho \left\{ c_p \frac{\partial T}{\partial x_j} - \frac{1}{\varrho} \frac{\partial p}{\partial x_j} \right\} \delta x_j \cdot d\tau $$

sein, wobei zur Umformung des ersten Terms der rechten Seite von (104) Gebrauch gemacht wurde. Mit Rücksicht auf (122) folgt weiter:

$$ 0 \leqq \int\int\int \varrho \left\{ c_p \frac{\partial T}{\partial z} + g \right\} \delta z \cdot d\tau \,, $$

woraus sich die gesuchten Stabilitätskriterien

$$ -\delta T = -\delta z \cdot \frac{\partial T}{\partial z} \leqq \frac{g \, \delta z}{c_p} \qquad \text{oder} \qquad -\frac{\partial T}{\partial z} \leqq \frac{g}{R} \frac{(\varkappa - 1)}{\varkappa} $$

ergeben[106], da die Masse beliebig angenommen werden durfte. Es definiert also:

$$ (133) \quad \begin{cases} -\dfrac{\partial T}{\partial z} < \dfrac{g}{R} \dfrac{(\varkappa - 1)}{\varkappa} & \text{stabiles Gleichgewicht,} \\[2mm] -\dfrac{\partial T}{\partial z} = \dfrac{g}{R} \dfrac{(\varkappa - 1)}{\varkappa} & \text{indifferentes (,,konvektives") Gleich-} \\ & \text{gewicht}[107], \\[2mm] -\dfrac{\partial T}{\partial z} > \dfrac{g}{R} \dfrac{(\varkappa - 1)}{\varkappa} & \text{Instabilität (,,labiles Gleichgewicht").} \end{cases} $$

[106] Vgl. auch H. ERTEL: Thermodynamische Begründung der atmosphärischen Stabilitätskriterien. Meteorol. Z. 1933 S. 176—177.

[107] Lord KELVIN (W. THOMSON): On the convective equilibrium of temperature in the atmosphere. Manchester Phil. Soc. Mem., Ser. 3, Bd. 2 (1865); Papers III, App. E, S. 255.

Die Größe $\gamma = \dfrac{g}{R} \dfrac{(\varkappa - 1)}{\varkappa} = 9{,}79 \cdot 10^{-5} \dfrac{g}{g_{45}}$ [Grad/cm],

die sich natürlich auch aus (127) für $n = 1/(\varkappa - 1)$ ergeben muß, heißt „trockenadiabatischer Temperaturgradient"; in praxi kann gewöhnlich $\gamma = 1$ Grad/100 m gesetzt werden.

Noch einfacher lassen sich die Stabilitätskriterien (133) wie folgt ableiten: Das Gleichgewicht ist stabil, indifferent oder labil, je nachdem ob die potentielle Energie (etwa der Masseneinheit) ε ein Minimum, konstant für alle benachbarten Lagen oder ein Maximum ist, d. h. je nachdem ob die „virtuelle Arbeit" $(-\delta\varepsilon)$

$$-\delta\varepsilon \gtreqless 0$$

ist. Nun zeigt das Variationsprinzip (102), daß zu setzen ist: $\varepsilon = \Phi + \psi_S$ (für adiabatische Zustandsänderungen), mithin muß

$$(134) \qquad -\left(\frac{\partial \Phi}{\partial z} + \frac{\partial \psi_s}{\partial z}\right) \cdot \delta z \gtreqless 0$$

sein oder wegen $\Phi = g \cdot z$, $\psi_S = c_p T$:

$$-\frac{\partial T}{\partial z} \gtreqless \frac{g}{c_p} = \frac{g}{R} \frac{(\varkappa - 1)}{\varkappa} = \gamma$$

in Übereinstimmung mit (133). Diese Ableitung der Stabilitätskriterien läßt übrigens erkennen, daß beim konvektiven Gleichgewicht als Äquivalent der potentiellen Energie das Schwerefeldes eine Abnahme der Enthalpie (des „Wärmeinhaltes") auftritt und umgekehrt, daß dagegen nicht, wie GULDBERG und MOHN[108] irrtümlich meinten, die Änderung der potentiellen Energie der Lage aus der inneren Energie $c_v T$ bestritten wird. Bereits v. BEZOLD[109], EMDEN[110] und V. BJERKNES[111] haben in anderer Weise diesen Irrtum aufgeklärt.

Durch eine dynamische Betrachtungsweise ergeben sich die Stabilitätskriterien (133) in folgender Weise: Wir beschreiben die Vertikalbewegung eines kleinen, dynamisch aus der Gleichgewichtslage $(z)_{t=0} = c$ gebrachten „isolierten Luftquantums" (Probekörpers) durch die dritte der LAGRANGEschen Gleichungen (55):

$$(135) \qquad \varrho_0\left(Z - \frac{\partial^2 z}{\partial t^2}\right) = \begin{vmatrix} \dfrac{\partial x}{\partial a} & \dfrac{\partial y}{\partial a} & \dfrac{\partial p}{\partial a} \\[2mm] \dfrac{\partial x}{\partial b} & \dfrac{\partial y}{\partial b} & \dfrac{\partial p}{\partial b} \\[2mm] \dfrac{\partial x}{\partial c} & \dfrac{\partial y}{\partial c} & \dfrac{\partial p}{\partial c} \end{vmatrix}$$

[108] GULDBERG, C. M., u. H. MOHN: Über die Temperaturänderung in vertikaler Richtung der Atmosphäre. Meteorol. Z. 1878 S. 113—124.

[109] BEZOLD, W. v.: Über die Temperaturänderung auf- und absteigender Ströme. Meterorol. Z. 1898 S. 441—448.

[110] EMDEN, R.: Thermodynamik der Himmelskörper. Enzykl. d. Math. Wiss. Bd. 4 2 B (1926) Heft 2 S. 399f.

[111] BJERKNES, V.: Theoretisch-meteorologische Mitteilungen. Meteorol. Z. 1917 S. 166—176.

und können annehmen, daß eine kleine Verschiebung des kleinen Probekörpers das umgebende Druckfeld nicht merklich stört, so daß also dem Probekörper der praktisch ungestörte Druck der Umgebung

$$(136) \qquad p = p_0 - g\varrho_0 (z - c)$$

„aufgeprägt" wird. Wegen

$$\frac{\partial p}{\partial a} = -g\varrho_0 \frac{\partial z}{\partial a}, \qquad \frac{\partial p}{\partial b} = -g\varrho_0 \frac{\partial z}{\partial b}, \qquad \frac{\partial p}{\partial c} = -g\varrho_0 \frac{\partial z}{\partial c} - g\frac{\partial \varrho_0}{\partial z}(z - c)$$

und

$$\frac{\partial p_0}{\partial c} = -g\varrho_0, \qquad Z = -g$$

nimmt dann die Gleichung (135) die Form

$$(137) \qquad \frac{\partial^2 z}{\partial t^2} + g = g \begin{vmatrix} \dfrac{\partial x}{\partial a} & \dfrac{\partial y}{\partial a} & \dfrac{\partial z}{\partial a} \\[6pt] \dfrac{\partial x}{\partial b} & \dfrac{\partial y}{\partial b} & \dfrac{\partial z}{\partial b} \\[6pt] \dfrac{\partial x}{\partial c} & \dfrac{\partial y}{\partial c} & \dfrac{\partial z}{\partial c} + \dfrac{\partial \ln \varrho_0}{\partial c}(z - c) \end{vmatrix}$$

an oder nach Aufspaltung der Determinante und Berücksichtigung der Kontinuitätsgleichung (54):

$$(138) \qquad \frac{\partial^2 z}{\partial t^2} + g = g\frac{\varrho_0}{\varrho} + g\frac{\partial \ln \varrho_0}{\partial \mathfrak{z}}(z - c) D_{zc}$$

(vgl. S. 23). Bezeichnen wir mit

$$\xi = x - a, \qquad \eta = y - b, \qquad \zeta = z - c$$

die Komponenten der Verschiebung des Probekörpers, welche Größen mit ihren Ableitungen nach den Numerierungskoordinaten als kleine Größen erster Ordnung anzusehen sind, so wird

$$\frac{\partial^2 \zeta}{\partial t^2} + g = g\frac{\varrho_0}{\varrho} + g\frac{\partial \ln \varrho_0}{\partial c}\cdot\zeta\left(1 + \frac{\partial \xi}{\partial a} + \frac{\partial \eta}{\partial b} + \frac{\partial \xi}{\partial a}\frac{\partial \eta}{\partial b} - \frac{\partial \xi}{\partial b}\frac{\partial \eta}{\partial a}\right),$$

also

$$(139) \qquad \frac{\partial^2 \zeta}{\partial t^2} + g = g\frac{\varrho_0}{\varrho} + g\frac{\partial \ln \varrho_0}{\partial c}\cdot\zeta$$

bis auf kleine Größen höherer Ordnung. Nun ist erstens:

$$\frac{\partial \ln \varrho_0}{\partial c} = -\frac{1}{T_0}\left(\frac{g}{R} + \frac{\partial T_0}{\partial c}\right),$$

ferner gilt mit Rücksicht auf (136):

$$\frac{\varrho_0}{\varrho} = \left(\frac{p_0}{p}\right)^{\frac{n}{n+1}} = 1 + \frac{g}{RT_0}\left(\frac{n}{n+1}\right)\zeta,$$

wenn die thermodynamische Zustandsänderung des Probekörpers durch eine Polytrope der Klasse n gegeben ist[*]; daher folgt aus (135) die Schwingungsgleichung isolierter Luftmassen

$$(140) \qquad \frac{\partial^2 \zeta}{\partial t^2} = -\frac{g}{T_0}\left[\frac{g}{R}\left(\frac{1}{n+1}\right) + \frac{\partial T_0}{\partial c}\right]\cdot\zeta = -\Gamma_n \zeta$$

---

[*] Für $n = 1/(\varkappa - 1)$, also für nichtadiabatische Zustandsänderungen, ist natürlich die „isolierte" Luftmasse nicht „thermisch isoliert".

für polytrope Zustandsänderungen. Das polytrope Stabilitätsmaß

$$(141) \qquad \Gamma_n = \frac{g}{T_0}\left[\frac{g}{R}\left(\frac{1}{n+1}\right) + \frac{\partial T_0}{\partial c}\right]$$

(Kraft pro Masseneinheit in der Entfernung Eins von der Gleichgewichtslage) zeigt an

$$(142) \quad \left\{ \begin{array}{l} \text{Stabilität,} \qquad\qquad \text{wenn } \Gamma_n > 0, \text{ d. h. } -\frac{\partial T_0}{\partial c} < \frac{g}{R(n+1)}, \\[2ex] \text{Labilität,} \qquad\qquad \text{wenn } \Gamma_n < 0, \text{ d. h. } -\frac{\partial T_0}{\partial c} > \frac{g}{R(n+1)}, \\[2ex] \text{Indifferentes Gleichgewicht, wenn } \Gamma_n = 0, \text{ d. h. } -\frac{\partial T_0}{\partial c} = \frac{g}{R(n+1)}, \end{array} \right.$$

und liefert im Falle adiabatischer Zustandsänderungen $(n = 1/(\varkappa - 1))$ die Stabilitätskriterien (133).

$$(143) \qquad \Gamma_{n=\frac{1}{\varkappa-1}} = \frac{g}{T_0}\left[\frac{g}{R}\left(\frac{\varkappa-1}{\varkappa}\right) + \frac{\partial T_0}{\partial c}\right] = \frac{g}{T_0}\left[\gamma + \frac{\partial T_0}{\partial c}\right]$$

heißt HESSELBERGsches Stabilitätsmaß[112].

Die vorstehend mitgeteilte Ableitung der Schwingungsgleichung (140) hat gegenüber der üblichen Ableitung derselben aus den EULERschen Gleichungen (vgl. S. 69) den Vorzug der Mitberücksichtigung der Kontinuitätsgleichung.

Hinsichtlich meteorologischer Anwendungen (Leeseitige Luftwogen, Föhn) der Schwingungsgleichung (140) sei auf eine Arbeit von LINKE[113] verwiesen.

Für $\Gamma_n > 0$ führt das isolierte Luftquantum (theoretisch ungedämpfte) Schwingungen mit der Periode

$$(144) \qquad \tau_n = \frac{2\pi}{\sqrt{\Gamma_n}}$$

aus, also im adiabatischen Falle:

$$(145) \qquad \tau = \frac{2\pi}{\sqrt{\dfrac{g}{T_0}\left[\gamma + \dfrac{\partial T_0}{\partial c}\right]}},$$

$\dfrac{\partial T_0}{\partial c}$ (in Grad 100 m)	(in Sekunden)
− 0,9	1050
− 0,5	748
0,0	332
+ 1,0 (Inversion)	236
+ 2,0 („)	194
+10,0 (starke Inversion)	100

über deren Größenordnung die nebenstehende Tabelle (nach LINKE) orientiert und die die stabilisierende Wirkung der Inversionen deutlich erkennen läßt.

<hr>

[112] HESSELBERG, TH.: Über die Stabilitätsverhältnisse bei vertikalen Verschiebungen in der Atmosphäre und im Meere. Ann. Hydrogr. 1918 S. 118 und besonders: Die Stabilitätsbeschleunigung im Meere und in der Atmosphäre. Ebenda 1919 S. 292.

[113] LINKE, F.: Zur Vertikalbewegung isolierter Luftmassen. Meteorol. Z. 1928 S. 255. — Siehe auch P. RAETHJEN: Zur Vertikalbewegung im atmosphärischen Kontinuum. I. Teil. Isolierte Luftmassen im atmosphärischen Kontinuum. Ebenda 1929 S. 292.

Übrigens läßt sich die Schwingungsgleichung (140) aus dem Variationsprinzip

$$\delta \int_{t_1}^{t_2} L \, dt = 0$$

mit der LAGRANGE-Funktion

$$L = E_{\mathrm{kin}} - E_{\mathrm{pot}} = \frac{1}{2}\left(\frac{\partial \zeta}{\partial t}\right)^2 - \frac{1}{2}\,\Gamma_n\,\zeta^2$$

ableiten; die potentielle Energie (pro Masseneinheit) der um die vertikale Strecke ζ von der Gleichgewichtslage entfernten Teilchens ist also durch

$$(146) \qquad E_{\mathrm{pot}} = \tfrac{1}{2}\,\Gamma_n\,\zeta^2$$

gegeben.

Durch Einführung der potentiellen Temperatur (15) lassen sich die Stabilitätskriterien (133) auch durch

$$(147) \qquad \frac{\partial\vartheta}{\partial z} \gtreqless 0 \quad \begin{array}{l}\text{stabiles}\\ \text{indifferentes}\\ \text{labiles}\end{array} \Big\} \text{Gleichgewicht}$$

darstellen. Die entwickelten Stabilitätsbedingungen gelten auch für feuchte Luft, solange sie ungesättigt ist.

Zur Ableitung der Stabilitätskriterien für gesättigt feuchte Luft bedienen wir uns zweckmäßigerweise der zuerst von v. BEZOLD[114], neuerdings besonders von ROBITZSCH[115] eingeführten „Äquivalenttemperatur"

$$(148) \qquad T^* = T + \frac{r \cdot q}{c_p},$$

die als diejenige Temperatur aufgefaßt werden kann, die eine Luftmasse annimmt, wenn ihr gesamter Wasserdampfgehalt (gemessen durch die spezifische Feuchtigkeit q, vgl. S. 12) bei konstantem Druck kondensiert wird. Für die Kondensationswärme r kann für praktische Zwecke ein konstanter Wert (etwa der für $T = 273°$) benutzt werden, für Temperaturen unter $0°$ C tritt an Stelle von r die Sublimationswärme; es wird dann wegen $q = 0{,}622\,\dfrac{e}{p}$ (vgl. S. 12): $\dfrac{r\,q}{c_p} = 1570 \cdot \dfrac{e}{p}$ bzw. $1780 \cdot \dfrac{e}{p}$. Die Enthalpie feuchter Luft wird bei Sättigung ($q = q_m = 0{,}622 \cdot \dfrac{e_m}{p}$, vgl. S. 13 u. 14):

$$\psi_s^* = c_p\left(T + \frac{r\,q_m}{c_p}\right) = c_p\,T_m^* = c_p\,\Omega_{r\,m},$$

[114] BEZOLD, W. v.: Zur Thermodynamik der Atmosphäre. S.-B. preuß. Akad. Wiss. 1898 S. 485—522, 1189—1206 — Ges. Abhandlungen aus den Gebieten der Meteorol. und des Erdmagn., S. 91—127, 128—144. Braunschweig 1906.

[115] ROBITZSCH, M.: Äquivalenttemperatur und Äquivalentthermometer. Meteorol. Z. 1928 S. 313—315.

und dieser Ausdruck an Stelle von ψ_S in (134) substituiert, ergibt die Stabilitätskriterien feuchter Luft

$$(149) \qquad -\frac{\partial T_m^*}{\partial z} \lesseqqgtr \frac{g}{c_p} = \gamma$$

im Zustand der Sättigung.

Da aus (110) mit Rücksicht auf (23) und (123) folgt:

$$c_p \frac{\partial T_m^*}{\partial z} = c_p \frac{\partial T}{\partial z} + r\, q_m \frac{\partial \ln e_m}{\partial z} + g \frac{r\, q_m}{R\, T},$$

kann der Bedingung (149) auch die Form

$$(150) \qquad -\frac{\partial T}{\partial z} \lesseqqgtr \frac{g\left(1 + \dfrac{r\, q_m}{R\, T}\right)}{c_p + r\, q_m \dfrac{d \ln e_m}{d T}}$$

gegeben werden. Der autobarotrope Spezialfall

$$(151) \qquad -\frac{d T}{d z} = -\frac{\partial T}{\partial z} = \frac{g\left(1 + \dfrac{r\, q_m}{R\, T}\right)}{c_p + r\, q_m \dfrac{d \ln e_m}{d T}} = \gamma^*$$

definiert den „feuchtadiabatischen Temperaturgradienten" γ^*. Hierin ist $e_m(T)$ z. B. durch die empirische Formel von MAGNUS (18) gegeben. Die erstmalig von HANN[116] durchgeführte numerische Berechnung ergibt eine wesentliche Verringerung der Abkühlung adiabatisch aufsteigender gesättigt feuchter Luft durch die freiwerdende Kondensations- bzw. Sublimationswärme gegenüber der trockenadiabatischen Abkühlung; für tiefe Temperaturen bzw. große Höhen gilt aber: $e_m \to 0$, $q_m \to 0$ und damit $\gamma^* \to \gamma$. Bezüglich Tabellen und graphischer Hilfsmittel zur Ermittlung der feuchtadiabatischen Zustandsänderungen muß auf die S. 16 u. S. 64 zitierte Literatur verwiesen werden.

Die Gleichung (151) für den feuchtadiabatischen Temperaturgradienten, die auch auf die zweckmäßigere Form

$$(152) \qquad \overset{*}{\gamma} = \gamma \frac{\left(1 + \dfrac{r\, q_m}{R\, T}\right)}{1 + \dfrac{r\, q_m}{c_p} \dfrac{d(\ln e_m)}{d T}}$$

gebracht werden kann, ist nicht ganz streng; genauer gilt die aus (26) ableitbare Gleichung

$$(153) \qquad \overset{*}{\gamma} = \gamma \frac{\left(1 + \dfrac{r\, q_m}{R\, T}\right)}{1 + \dfrac{r\, q_m}{c_p} \dfrac{d}{d T}\left[\ln\left(\dfrac{e_m}{T}\right)\right]}.$$

[116] HANN, J.: Die Gesetze der Temperaturänderung in aufsteigenden Luftströmungen usw. Z. österr. Ges. Meteorol. 1874 S. 321—329, 337—346.

Von BRUNT[117] wurde die Gleichung

$$(154) \qquad \overset{*}{\gamma} = \gamma \frac{\left(p + \frac{0{,}622\, e_m\, r}{R\,T}\right)}{p + \frac{0{,}622}{c_p}\left\{\left(c + \frac{dr}{dT}\right)e_m + r\frac{de_m}{dT}\right\}}$$

abgeleitet, in welcher noch die innere Energie des verflüssigten Wassers (c = spez. Wärme des Wassers) und die Temperaturabhängigkeit der Verdampfungswärme berücksichtigt ist, und auf die zweckmäßige Form

$$(155) \qquad \overset{*}{\gamma} = \gamma\left(1 - \frac{Z - X}{Z + p}\right)$$

gebracht, in der

$$X = \frac{0{,}622\, e\, r}{R\,T} \qquad \text{und} \qquad Z = \frac{0{,}622}{c_p}\left\{\left(c + \frac{dr}{dT}\right)e + r\frac{de}{dT}\right\}$$

nur Funktionen der Temperatur sind. Das von BRUNT dazu konstruierte Isoplethendiagramm mit den Argumenten p (100 bis 1010 mb) und T (200 bis 320°) ermöglicht eine leichte Bestimmung von $\overset{*}{\gamma}$.

Bezüglich sonstiger Tabellen und graphischer Hilfsmittel zur Ermittlung der feuchtadiabatischen Zustandsänderungen muß auf die S. 16 zitierte Literatur verwiesen werden; erwähnt sei nur noch das zur Zeit vollkommenste graphische Hilfsmittel, das REFSDALsche Aerogramm[118], ein $\log T$- (Abszisse), $T \cdot \log p$- (Ordinate) Diagramm, auf dem nicht nur Höhen- und Energieberechnungen leicht durchzuführen sind, sondern auch die Ermittlung von Temperaturgradienten-Änderungen bei Vertikalverschiebungen (vgl. S. 88) und Bestimmungen der Äquivalenttemperatur sowie Umrechnung der dynamischen und geometrischen Höhen[119].

Den Begriff der potentiellen Temperatur ϑ erweiternd, hat STÜVE[120] eine „pseudopotentielle Temperatur"

$$(156) \qquad \Theta = \vartheta + \frac{r\,q}{c_p}$$

eingeführt; sie kann als die Temperatur aufgefaßt werden, „die eine Luftmasse annehmen würde, wenn sie kondensierend aufstiege, bis sie ihren Wasserdampf vollständig verloren hätte, und dann wieder absänke, bis auf sie Normaldruck wäre". O ist für eine Luftmasse eine Invariante bei trocken-, feucht- und pseudoadiabatischen Prozessen, solange nur dem Luftquantum kein Wasser neu zugeführt wird. Die pseudopotentielle Temperatur kann somit zur Identifikation von

---

[117] BRUNT, D.: The adiabatic lapse-rate for dry and saturated air. Quart. J. Roy. Meteorol. Soc. Bd. 59 (1933) S. 351.

[118] REFSDAL, A.: Aerologische Diagrammpapiere. Geofys. Publ. Oslo Bd. 11 (1937) Nr. 13.

[119] REFSDAL, A.: Das Aerogramm. Meteorol. Z. 1935 S. 1—5.

[120] STÜVE, G.: Potentielle und pseudopotentielle Temperatur. Beitr. Physik frei. Atmosph. Bd. 13 (1927) S. 218—233.

Luftkörpern und Gleitflächen dienen[121]. Durch Einführung von Θ erweitern sich die Stabilitätsbedingungen für gesättigt feuchte Luft $\left(\Theta_m = \vartheta + \dfrac{r\,q_m}{c_p}\right)$ wie folgt:

$$(157) \qquad \frac{\partial \Theta_m}{\partial z} \gtreqqless 0 \qquad \begin{array}{l} \text{stabiles} \\ \text{indifferentes} \\ \text{labiles} \end{array} \Bigg\} \text{Gleichgewicht.}$$

Die Anwendung der Stabilitätskriterien für gesättigt feuchte Luft setzt voraus, daß sich die Umgebung des auf Stabilität untersuchten Teilchens gleichfalls im feucht-gesättigten Zustand befindet.

§ 4. Labilitätsprobleme.

Es ist zu beachten, daß die Labilitätsbedingung (z. B. $-\dfrac{\partial T}{\partial z} > \gamma$ für trockene Luft) noch nicht besagt, daß sich die Luft bei Realisierung dieser Bedingung „von selbst umschichten" („stabilisieren") müsse; dazu sind vielmehr noch gewisse Umstände notwendig, auf die wir unten noch zurückkommen werden. Dagegen findet sich in der meteorologischen Litcratur vielfach die Bemerkung[122], daß automatisch Umschichtung eintritt, sobald durch thermische Vorgänge eine Temperaturverteilung erzwungen wird, bei der die Dichte nach oben zunimmt: $\dfrac{\partial \varrho}{\partial z} > 0$. Dieser Fall tritt ein, wenn der Temperaturgradient

$$(158) \qquad -\frac{\partial T}{\partial z} > \frac{g}{R} = 3{,}4°/100\,\text{m} \left(\frac{g}{g_{45}}\right)$$

wird, wie man aus obiger Bedingung mittels (1) und (123) leicht findet. Jedoch hat EKMAN[123] in interessanten Ausführungen (auf die wie hier nur verweisen können) die Unzulässigkeit der obigen Schlußweise aufgedeckt:

„Die Luft ist im Gleichgewicht, wenn sie horizontal geschichtet* ist, und *ohne* vorangegangene Störung würde sie sich dann nicht in Bewegung setzen, selbst wenn die oberen Luftschichten schwerer sind als die unteren. Das Gleichgewicht ist instabil, wenn die Temperatur um $1°$ oder mehr pro 100 m nach oben abnimmt, und *nach* vorangegangener Störung kippt dann die Luft um, selbst wenn die Dichte stetig nach oben zunimmt. Ob der Temperaturgradient den Betrag von etwa $3{,}4°$ pro 100 m irgendwo

---

[121] Vgl. hierzu besonders G. STÜVE: Aerologische Untersuchungen zum Zwecke der Wetterdiagnose. Arb. preuß. aeronaut. Obs. Lindenberg Bd. 14 S. 104—116. Braunschweig 1922. — ROSSBY, C. G.: Thermodynamics applied to air mass analysis. Mass. Inst. Technol., Meteorol. Papers Bd. 1 (1932) Nr. 3.

[122] Z. Bsp. HANN-SÜRING: Lehrb. d. Meteorol., 3. Aufl. S. 793. Leipzig 1915. — ARRHENIUS, S.: Lehrb. d. kosm. Physik. S. 573. Leipzig 1903. — WEGENER, A.: Thermodynamik der Atmosphäre. S. 111f. Leipzig 1911.

[123] EKMAN, V. W.: Über den Begriff der stabilen Schichtung. Meteorol. Z. 1920 S. 22—26.

  * Das heißt: $\dfrac{\partial \varrho}{\partial x} = \dfrac{\partial \varrho}{\partial y} = 0$.

übersteigt oder nicht, d. h. ob das spezifische Gewicht nach oben zunimmt oder nicht, hat dagegen weder prinzipiell noch praktisch irgendeine dynamische oder statische Bedeutung."*

Auch bei einer Temperaturverteilung $\frac{g}{R} > -\frac{\partial T}{\partial z} > \gamma$ tritt „von selbst" keine Umschichtung ein; dazu bedarf es einer Störung, bei deren Fehlen auch die „Stabilisierung" der labil geschichteten Luftmassen mit „überadiabatischen Gradienten" $-\frac{\partial T}{\partial z} > \gamma$ ausbleibt, denn sonst müßten sich überadiabatische Temperaturgradienten überhaupt der Beobachtung entziehen. Es zeigen aber z. B. die Untersuchungen von WILH. SCHMIDT[124], FORCH[125], W. PEPPLER[126] u. a., daß überadiabatische Gradienten in den bodennahen Schichten (1500 m) an Tagen starker Einstrahlung eine ganz gewöhnliche Erscheinung sind. W. PEPPLER fand (a. a. O.) überadiabatische Gradienten auch in 2500 bis 3000 m Höhe, WILH. SCHMIDT (a..a. O.) und WIESE[127] ermittelten sogar ein sekundäres Maximum der Häufigkeit der Temperaturgradienten $> \gamma$ in der Substratosphäre; für Temperaturgradienten $> \gamma*$ tritt dieses sekundäre Maximum allerdings nicht mehr auf. Da nach WIESE Instrumentalfehler für die überadiabatischen Gradienten im allgemeinen nicht verantwortlich gemacht werden können, entsteht die Frage, wie trotz instabiler Temperaturverteilung die Stabilität einer Luftmasse gewahrt bleibt. Hierüber hat sich z. B. EXNER[128] folgende Vorstellungen gebildet: Indem er durch Integration der Auftriebsgleichung (vgl. S. 69) die vertikale Verschiebung $z(t)$ eines Luftteilchens bei instabiler Schichtung $-\frac{\partial T}{\partial z} = 1,1°/100$ m (I) bzw. $1,5°/100$ m (II) gemäß nachstehender Tabelle ermittelt, bemerkt er dazu:

Zeit	1	10	20	50	100	200 sec
$z(t)$ I	0,18	16,4	66,0	418	1712	14 230 mm
$z(t)$ II	0,83	83,7	334	2153	9541	65 420 „

„Wenn der Umsturz so langsam erfolgt, wie hier berechnet wurde, dann ist es wohl von der Größe der aus der Gleichgewichtslage gebrachten Luftmassen abhängig, ob sie sich nun mit zunehmender Geschwindigkeit stets weiter von der Ausgangslage entfernen wird oder ob sie wieder zur

---

* „Eine Gaskugel kann im Gleichgewicht sein, wie immer deren Dichte längs des Radius variiert" (R. EMDEN: Gaskugeln. S. 36).

[124] SCHMIDT, WILH.: Häufigkeitsverteilung des vertikalen Temperaturgradienten. Beitr. Physik frei. Atmosph. Bd. 7 S. 51—76.

[125] FORCH, C.: Temperaturen der freien Atmosphäre über der südungarischen Tiefebene. Meteorol. Z. 1919 S. 197—202.

[126] PEPPLER, W.: Beiträge zur Physik des Cumulus. Beitr. Physik frei. Atmosph. Bd. 10 S. 130—150.

[127] WIESE, B.: Sind die überadiabatischen Gradienten reell? Meteorol. Z. 1919 S. 22—25 (Auszug aus Diss., Leipzig 1915).

[128] EXNER, F. M.: Zur Frage der überadiabatischen Temperaturgradienten. Meteorol. Z. 1919 S. 245—253.

Ruhe kommt. Der letzte Fall kann eintreten, wenn die Bewegung so langsam erfolgt, daß ein Temperaturausgleich mit der Umgebung möglich ist und die Bedingung adiabatischer Bewegung nicht mehr erfüllt ist. Wir gelangen also zu dem Ergebnis, daß kleine Abweichungen aus dem labilen Gleichgewichtszustand (genauer gesagt: geringe durch mechanische Ursachen hervorgerufene Massenverschiebungen) denselben nicht zu stören brauchen, daß vielmehr bei einer bestimmten labilen Temperaturverteilung erst von einer gewissen Größe der vertikalen Verlagerung und der gestörten Masse an ein Umsturz eintreten wird. Welche Grenzen hierfür maßgebend sind, entzieht sich solange unserer Kenntnis, als wir nicht über den Wärmeaustausch einer Luftmasse mit ihrer Umgebung (durch Mischung, Berührung, Strahlung) und dessen Dauer nähere Erfahrungen besitzen. Keinesfalls wird man annehmen dürfen, daß eine Luftmasse von kleinem Volumen sich z. B. in der ersten Minute, wo sie nach unseren Beispielen einen Weg von 0,5 bis 2,5 m zurücklegt, adiabatisch bewegt.''

Die EXNERschen Vorstellungen hat v. FICKER[129] für die Bedingungen der. zu lokalen Wärmegewittern führenden vertikalen Umschichtungen durch neue Gesichtspunkte erweitert. Hier sind die Verhältnisse insofern komplizierter, als die Luftteilchen zunächst nicht durch mechanische Ursachen aus ihrer Gleichgewichtslage gebracht werden, sondern durch thermische Anheizung vom Boden aus.

,,Der Boden und die dem Boden in seichtester Schicht unmittelbar aufliegende Luft kann um 30° wärmer sein als die Luft in 2 m Höhe, in der wir die Lufttemperatur gewöhnlich messen. Diese starke Überheizung der untersten Schicht führt auch immer zu einem Luftaustausch in vertikaler Richtung, aber nicht in Form eines aufsteigenden Luftstroms, sondern in Gestalt feiner Luftströmchen, durch die die Erwärmung sukzessive bis in Höhen von etwa 1000 m über dem Boden getragen wird — der wohlbekannte Vorgang der konvektiven Heizung oder des thermischen Austausches. Diese Erwärmung durch Konvektion ist an jedem schönen Tage wirksam, durchaus nicht nur an Gewittertagen, d. h. die Konvektion wird für sich allein auch nicht den zur Einleitung des Gewitterprozesses notwendigen, über einem ausgedehnteren Gebiet geschlossen aufsteigenden Luftstrom liefern können. Immerhin versetzt die Konvektion die unteren Luftmassen in den Zustand labilen Gleichgewichts, da nach den Beobachtungen häufig über mehrere Hektometer die Temperaturabnahme rascher als 1°/100 m ist. Dieses bei Schönwetter fast immer vorhandene labile Gleichgewicht in den unteren Schichten erzeugt aber gewöhnlich nur den in den kleinsten Zyklen sich vollziehenden, im ganzen sehr regellosen und ungeordneten, thermisch-konvektiven Austausch, während ein aufsteigender Luftstrom nur dann sich entwickelt, wenn eine besondere Ursache den. Austausch zwingt, in größere geordnete Zyklen überzugehen. Das Problem liegt deshalb m. E. in der Auffindung der besonderen Bedingungen, unter denen sich die ungeordnete, nicht sehr hoch reichende Kleinkonvektion in eine geordnete, räumlich gegliederte, bis in große Höhen reichende Großkonvektion umwandelt.''

Eine derartige Bedingung ist z. B. der Einbruch einer verhältnismäßig seichten kälteren Luftmasse (,,Initialböe'') etwa von der Art,

---

[129] FICKER, H. v.: Über die Entstehung lokaler Wärmegewitter. 1. Mitt. S.-B. preuß. Akad. Wiss. 1931 S. 28—39.

wie sie Roschkott[130] gelegentlich einer Untersuchung der Gebirgsgewitter fand. Jedoch ist auch eine Initialböe noch keine hinreichende Bedingung der zur Gewitterbildung führenden Umschichtung, wenn in der Höhe „Inversionen" (Schichten, in denen $\partial T/\partial z > 0$) oder „Isothermien" ($\partial T/\partial z = 0$), also Luftmassen sehr stabiler Schichtung, der thermischen Konvektion ein Ende setzen. Einen Fall, in dem die gewitterauslösende Ursache in dem Verschwinden (durch Auskeilen) einer Inversion, welche die thermische Konvektion in etwa 2 km Höhe absperrte, erblickt werden muß, hat v. Ficker[131] eingehend untersucht und den Nachweis einer zweiten Instabilitätszone in der Höhe erbracht,

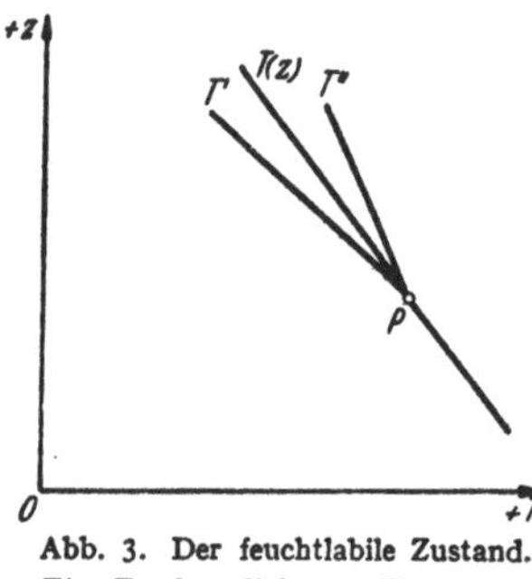

Abb. 3. Der feuchtlabile Zustand. T' = Trockenadiabate, T'' = Kondensationsadiabate.

mittels welcher der Umschichtungsprozeß auf immer höhere Schichten übergeht und die für die Aufrechterhaltung der Umschichtungen und deren Ausbreitung von wesentlicher Bedeutung ist.

Daß die Feuchtigkeitsverhältnisse der Luftmassen bei der Beurteilung der Labilitätsverhältnisse eine große Rolle spielen, wird neuerdings wieder besonders beachtet[132]. Es kann der Fall eintreten, daß in einem Punkte P eine Luftmasse stabil gelagert ist hinsichtlich trockenadiabatischer Verschiebungen, jedoch labil hinsichtlich kondensationsadiabatischer Verschiebungen; die geometrische Zustandskurve der Temperatur $T(z)$ muß dann in dem Gebiet zwischen Trocken- und Kondensationsadiabate verlaufen (vgl. Abb. 3):

$$(159) \qquad \gamma > -\frac{\partial T}{\partial z} > \gamma^* .$$

Es herrscht also im Punkte P für eine

$$\left.\begin{array}{l} \text{trockene} \\ \text{gesättigt feuchte} \end{array}\right\} \text{Luftmasse} \left\{\begin{array}{l} \text{stabiles} \\ \text{labiles} \end{array}\right\} \text{Gleichgewicht,}$$

ein Zustand, für den Refsdal[133] die Bezeichnung „feuchtlabil" eingeführt hat. Wird eine Luftmasse von der Temperatur T_0 in der Höhe z_0 durch eine Verschiebung $(z - z_0)$ trockenadiabatisch auf eine Temperatur T oder kondensationsadiabatisch auf eine Temperatur T^*

[130] Roschkott, A.: Untersuchungen über Böenbildung im Gebirge. S.-B. Akad. Wiss. Wien, IIa, 1912 S. 2635—2666.

[131] Ficker, H. v.: Über die Entstehung lokaler Wärmegewitter. 2. Mitt. S.-B. preuß. Akad. Wiss. 1932 S. 197.

[132] Besonders z. B. von C. K. M. Douglas: Temperatures and humidties in the upper air: Conditions favourable for thunderstorm development. Meteorol. Office, London, Professional Notes Nr. 8 (1930).

[133] Refsdal, A.: Der feuchtlabile Niederschlag. Geofys. Publ. Oslo Bd. 5 Nr. 12.

gebracht, so heißen die Größen

$$(160) \qquad L = \frac{T - T_0}{T_0} \quad \text{bzw.} \quad L^* = \frac{T^* - T_0}{T_0}$$

nach REFSDAL „Trockenlabilität" bzw. „Feuchtlabilität" der Luftmasse von z_0 bis z.

Herrscht an einer Stelle des Massenfeldes Gleichgewicht: $0 = -g - \dfrac{1}{\varrho}\dfrac{\partial p}{\partial z}$, so erfährt eine dorthin gebrachte Luftmasse anderer Dichte ϱ^* einen Auf- oder Abtrieb (da $p = \overset{*}{p}$):

$$(161) \qquad \frac{dv_z}{dt} = -g - \frac{1}{\varrho^*}\frac{\partial p}{\partial z} = g\,\frac{\varrho - \varrho^*}{\varrho^*},$$

je nachdem $\varrho^* \lessgtr \varrho$; wegen (1) kann dafür auch

$$(162) \qquad \frac{dv_z}{dt} = g\,\frac{T^* - T}{T}$$

gesetzt werden. Es gibt also der Ausdruck

$$(163) \qquad A = g \int_{z_0}^{z} \frac{T^* - T}{T} \cdot dz$$

die *von* der Masseneinheit eines von z_0 bis z aufsteigenden Luftquantums *an* die Umgebung abgegebene Arbeit, wenn $T(z)$ die geometrische Zustandskurve bedeutet und $T^*(z)$ die Temperatur des individuellen Teilchens, die für $z < h$ ($h =$ Kondensationshöhe*) durch die Trockenadiabate und für $z > h$ durch die Kondensationsadiabate gegeben ist (stetiger Übergang bei $z = h$). Wegen (123) kann (163) auch durch

$$(164) \qquad A = -R \int_{p_0}^{p} (T^* - T)\,d\ln p = R \cdot F$$

ausgedrückt werden, wenn p_0, p die den Punkten z_0, z zugeordneten Drucke bedeuten. Mittels eines Diagrammpapiers mit linearer Temperatur- und logarithmischer Druckskala ist also die „Labilitätsenergie" pro Masseneinheit (A) durch die von der geometrischen Temperaturkurve $T(z)$ und der „Zustandsänderungskurve" $T^*(z)$ begrenzten Fläche (F) leicht ermittelbar („Emagramm", REFSDAL, a. a. O.**).

Die Betrachtung der Abb. 4 zeigt beispielsweise, daß an einem Luftquantum, das vom Anfangszustand p_0, T_0 zunächst trockenadiabatisch bis zur Kondensationshöhe h und dann kondensationsadiabatisch um eine weitere Höhe s (bis zum ersten Schnittpunkt P' der Konden-

---

* h ist die Höhe, in der $T^* = \tau$ (Taupunkt; vgl. S. 11) und kann z. B. aus $h = 123\,(T^*_{(z_0)} - \tau)$ ermittelt werden (FERREL, HENNIG, J. SCHUBERT); eine andere Formel hat neuerdings V. VÄISÄLÄ abgeleitet (Kondensationshöhe aus relativer Feuchtigkeit und Lufttemperatur. Meteorol. Z. 1929 S. 229—230).

** Auf die Theorie des „Evogramms", das die Labilitätsenergie pro Volumeneinheit zu berechnen gestattet (lineare Druck-, logarithmische Temperaturskala), kann hier nicht näher eingegangen werden.

sationsadiabate mit der geometrischen Zustandskurve $T(z)$ gehoben werden soll, Arbeit geleistet werden muß, denn es ist

$$A' = -R\int_{p_0}^{p_{h+s}} (T^* - T)\, d\ln p = -RF' < 0.$$

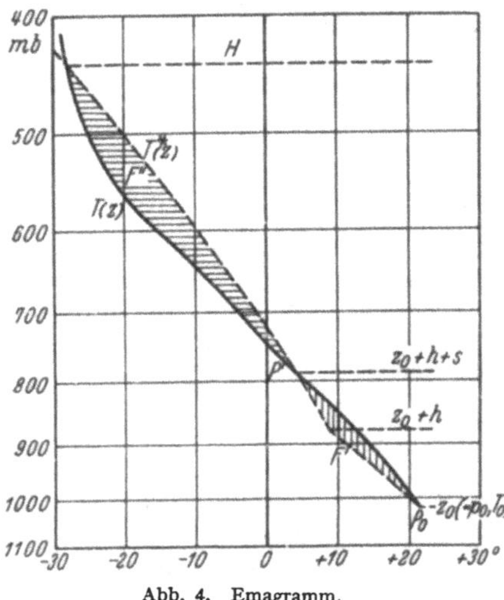

Abb. 4. Emagramm.

Von P' aus steigt aber das Luftquantum selbständig weiter bis zur Endhöhe H unter Abgabe der Arbeit

$$A'' = -R\int_{p_{h+s}}^{p_H} (T^* - T)\, d\ln p$$

$$= +RF'' > 0$$

(„positive Labilitätsenergie")

an die Umgebung. Ein Vorgang (z. B. eine Initialböe), der unter Aufwendung der relativ kleinen Arbeit $R \cdot F'$ ein Luftquantum aus der Anfangslage p_0, T_0 (P_0) um $h + s$ hebt, löst die große Labilitätsenergie $R \cdot F''$ aus *.

Die zur Erreichung des feuchtlabilen Zustandes notwendige Hebung $h + s$ läßt sich (näherungsweise) mittels der REFSDALschen „Schauerformel"

(165)
$$h + s = h \cdot \frac{(\gamma - \gamma^*)}{(\bar{\gamma} - \gamma^*)}$$

berechnen, deren Ableitung die Annahme zugrunde liegt, daß γ^* und $\bar{\gamma} = -\dfrac{\partial T}{\partial z}$ im Intervall (P_0, P') als Konstanten angesehen werden können.

Die beim Aufsteigen vom Punkte P' aus freiwerdende Energie $R \cdot F''$ läßt sich auch einem von SHAW[134] unter dem Namen „Thephigramm"**

---

* Insgesamt wird also beim Aufsteigen eines Luftquantums von P_0 bis P'' die Energie $R \cdot (F'' - F')$ frei.

[134] SHAW, N., and F. FAHMY: The energy of saturated air in a natural environment. Quart. J. Roy. Meteorol. Soc., Lond. 1925 S. 205—226. — SHAW, N.: The relation of the records of registering balloons to entropy-temperature diagrams for saturated air. Beitr. Physik frei. Atmosph. Bd. 12 S. 229—237 — Manual of Meteorology, Bd. 3. Cambridge 1930. — Bezüglich der Anwendungen des Tephigramms vgl. auch C. G. ROSSBY: The tephigram, its theory and practical use in weather forecasting. Mass. Inst. of Technol., Professional Notes Nr. 1 (1929). — GOLD, E.: Maximum day temperatures and the tephigram. Meteorol. Office, London, Professional Notes Nr. 63 (1933). — Zahlreiche Beispiele für die Darstellung aerologischer Aufstiege in Tephigrammen enthält: Comm. Int. de la haute atmosphère. C. r. des jours int. 1923. London 1927.

** $= T$, Φ-Diagramm, wegen der bei englischen Autoren üblichen Verwendung des Symbols Φ für die Entropie.

eingeführten Temperatur-Entropiediagramm entnehmen, das zur Untersuchung der atmosphärischen Stabilitäts- und Labilitätsverhältnisse äußerst zweckmäßig ist (Abb. 5). Durch Eintragen der aus den aerologischen Aufstiegen gewonnenen zusammengehörigen Werte von T (Abszisse) und p (gestrichelte Linien = Isobaren) in das Diagramm erhält man die geometrische Zustandskurve T; dann ergibt die von der durch den Anfangspunkt gehenden Sättigungsadiabate (ausgezogene Kurven-Kondensationsadiabaten*) und der Zustandskurve eingeschlossenen Fläche G'' direkt die Labilitätsenergie

$$(166) \qquad A'' = \int_{S_0}^{S'} (T^* - T) \cdot dS = G'',$$

falls das Luftquantum in P' gesättigt war. Gleichung (166) folgt aus (164) sofort wegen
$$dS = c_p \cdot dT/T - R \cdot dp/p,$$
also
$$(dS)_{T = \text{konst.}} = -R \cdot d(\ln p).$$
Aus (166) ist ersichtlich, daß die Labilitätsenergie nur positiv ist für $T^* > T$, d. h. solange die geometrische Zustandskurve unter der zum Ausgangszustand gehörenden Sättigungsadiabate ver-

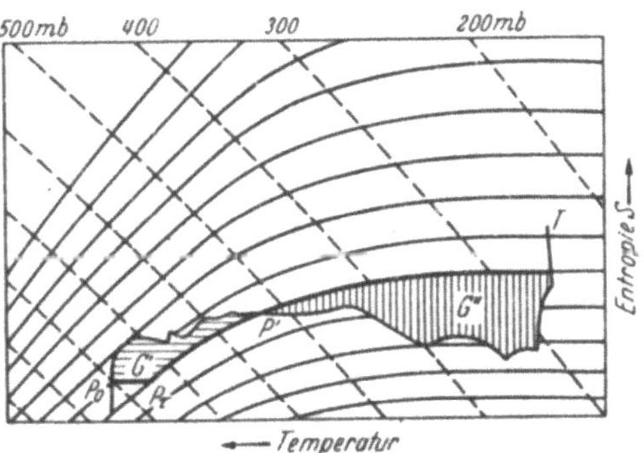

Abb. 5. Tephigramm. (Vereinfachte Darstellung zur Erklärung der Energieberechnung.)

läuft. War die Luft anfangs nicht gesättigt (etwa Anfangszustand P_0 in Abb. 5), muß also das Luftquantum erst unter Aufwendung äußerer Arbeit längs der (horizontalen) Trockenadiabate bis zur bei P_r eintretenden Sättigung und dann längs der Kondensationsadiabate bis P' gehoben werden, so ist ersichtlich die Fläche G' negativ in Rechnung zu stellen.

Inversionen zeichnen sich durch große Stabilität aus (vgl. S. 61), doch können Umstände eintreten, welche die Entstabilisierung einer Inversion außerordentlich begünstigen; ein solcher Umstand liegt z. B. vor, wie v. FICKER[135] gezeigt hat, wenn die Inversion eine sehr feuchte, der Sättigung nahe Grundströmung von einer sehr trockenen Oberströmung scheidet, wie es z. B. in den Passatgebieten[136] und bei gewissen, mit Südostwinden verbundenen Wetterlagen in Mitteleuropa

---

* Die Trockenadiabaten (S = konst.) verlaufen horizontal und sind in obiger Abbildung nicht eingezeichnet.

[135] FICKER, H. v.: Über die Entstehung eines geschichteten aufsteigenden Luftmassensystems. Meteorol. Z. 1936 S. 472.

[136] FICKER, H. v.: Die Passatinversion. Veröff. meteorol. Inst. Univ. Berlin Bd. 1 Heft 4. Berlin 1936.

der Fall ist. Eine relativ geringe Hebung des ganzen Systems, orographisch oder durch Strömungskonvergenz bedingt, führt dann zur Entstabilisierung. Hat die Inversion die vertikale Dicke δ und sind die Temperaturen T_{-0} (unmittelbar unterhalb der Inversionsbasis in der gesättigt-feuchten Grundströmung) und T_{+0} (unmittelbar oberhalb der Inversion in der trockenen Oberströmung), so werden die entsprechenden neuen Temperaturen T'_{-0} und T'_{+0} nach einer Verschiebung des ganzen Systems um die Höhe h:

$$T'_{-0} = T_{-0} - \overset{*}{\gamma}\, h, \qquad T'_{+0} = T_{+0} - \gamma\, h,$$

und der Gradient nach der Verschiebung (unter Erhaltung der Schichtdicke)

$$\frac{T'_{-0} - T'_{+0}}{\delta} = \frac{T_{-0} - T_{+0}}{\delta} - (\overset{*}{\gamma} - \gamma)\,\frac{h}{\delta}$$

ergibt indifferentes Gleichgewicht bzw. Instabilität für

$$\frac{T'_{-0} - T'_{+0}}{\delta} \lessgtr \overset{*}{\gamma},$$

so daß die zur Entstabilisierung notwendige Hebung

$$(167) \qquad h \geqq \frac{T_{+0} - T_{-0} + \overset{*}{\gamma}\,\delta}{(\gamma - \overset{*}{\gamma})}$$

beträgt, worin der von v. FICKER behandelte Fall verschwindender Inversionsdicke für $\delta = 0$ enthalten ist. Eine Isothermie ($T_{+0} = T_{-0}$) in einem derart geschichteten System wird also durch Hebung um

$$h \geqq \left(\frac{\overset{*}{\gamma}}{\gamma - \overset{*}{\gamma}}\right)\,\delta$$

entstabilisiert, also praktisch durch Hebung um eine Höhe h, die der Dicke der Isothermie entspricht, da $\overset{*}{\gamma}/(\gamma - \overset{*}{\gamma})$ nahe bei Eins liegt.

§ 5. Die Theorien zur Erklärung der geometrischen Temperaturzustandskurve.

Die kinetische Gastheorie zeigt, daß sich in einer nur der Schwere unterworfenen ruhenden Gasmasse Isothermie einstellt[137]. Soll ein von

---

[137] Obgleich L. BOLTZMANN für diesen Satz mit Hilfe seines H-Theorems einen exakten Beweis erbrachte (Vorlesungen über Gastheorie, I. Teil S. 134 ff. Leipzig 1896), wurde dieses Ergebnis vielfach angezweifelt, so z. B. von C. AUG. SCHMIDT [Das Wärmegleichgewicht der Atmosphäre nach den Vorstellungen der kinetischen Gastheorie. Gerlands Beitr. Geophys. Bd. 4 (1899) S. 1—25], vorher von J. LOSCHMIDT [Über den Zustand des Wärmegleichgewichts eines Systems von Körpern mit Rücksicht auf die Schwerkraft. S.-B. Akad. Wiss. Wien Bd. 73 (1876) S. 128 ff., 366 ff.; Bd. 76 (1877) S. 215 ff. (49 S.)], neuerdings von R. v. DALLWITZ-WEGNER: Der Zustand der oberen Schichten der Atmosphäre. Z. Physik 1923 (14) S. 296 bis 301 — Die atmosphärische Temperaturabnahme nach oben und ähnliche Erscheinungen als Wirkung der Schwerkraft. Ebenda 1923 (15) S. 280—286. Da-

Null verschiedener Temperaturgradient existieren, so ist das Auftreten von Wärme- und· Kältequellen, Konvektionsströmungen oder Strahlungsprozessen notwendig; bei permanenten adiabatischen Konvektionsströmungen würde sich z. B. konvektives Gleichgewicht $-\dfrac{\partial T}{\partial z} = \gamma$ einstellen.

Die Beobachtungen zeigen nun, daß die mittlere geometrische Zustandskurve der Temperatur in den untersten Kilometern der Atmosphäre mit einem vertikalen Gradienten von etwa 0,6°/100 m zwischen konvektivem Gleichgewicht und Isothermie etwa die Mitte hält und daß diese „Troposphäre" genannte Schicht erst in einer (mit der geographischen Breite φ variierenden) Höhe von 10 km ($\varphi = 60°$) bis 17 km ($\varphi = 0°$) in die nahezu isotherme „Stratosphäre" (um $-55°$ C) übergeht*. Die Isothermie hält bis zu den die dynamische Meteorologie zur Zeit interessierenden Höhen von etwa 20 km an; für größere Höhen (etwa 30 bis 50 km) machen luftseismische Erfahrungen[138] ein Wiederansteigen der Temperatur (bis über 300° abs. in 40 km Höhe) wahrscheinlich, wofür die selektive Ultraviolettabsorption des Ozons eine Erklärungsmöglichkeit bietet[139]. Eine in jeder Hinsicht den Verlauf der mittleren Temperaturzustandskurve für die verschiedenen Breiten

---

gegen: G. JÄGER, L. WEICKMANN, W. ANDERSON, P. EHRENFEST, E. GEHRCKE: Ebenda (17 u. 19) 1923. Bezüglich des Beweises des obigen Satzes vgl. außer den Arbeiten von BOLTZMANN, JÄGER und EHRENFEST auch F. M. EXNER: Über den Gleichgewichtszustand eines schweren Gases. Ann. Physik, 4. Folge, Bd. 7 (1902) S. 683—686 — ferner C. G. ROSSBY: Thermisches Gleichgewicht in der Atmosphäre. Ark. Mat. Astron. Fys. Bd. 18 (1923/24) 8 S.

* Das Übergangsgebiet zwischen Troposphäre und Stratosphäre heißt „Substratosphäre" oder (nach der Bezeichnungsweise englischer Meteorologen) „Tropopause", wobei letzterer Ausdruck spezieller die (als Grenzfläche betrachtete) Basis der Stratosphäre bezeichnet.

[138] Zusammenfassende Darstellungen: MEISSNER, O.: Luftseismik. Handb. d. Exper.-Physik (WIEN-HARMS) Bd. 25 . 3. Teil S. 211—251. Leipzig 1930. — DUCKERT, P.: Über die Ausbreitung von Explosionswellen in der Erdatmosphäre. Erg. d. Kosm. Physik (V. CONRAD-L. WEICKMANN) Bd. 1 S. 236—290. Leipzig 1931. — BENNDORF, H.: Über die experimentelle Erforschbarkeit der höheren Schichten der Atmosphäre. I. Sondierung der Atmosphäre mittels Schallstrahlen. Physik. Z. 1929 S. 97—115.

[139] DOBSON, G. M. B.: The uppermost regions of the earth's atmosphere. 22 S. Oxford 1926 (Halley-Lecture). — LINDEMANN, F. A.: Meteors and the constitution of the upper air. Nature (Lond.) Bd. 118 (1926) S. 195—198. — Vgl. auch die zusammenfassenden Darstellungen von J. BARTELS: Die höchsten Atmosphärenschichten. Erg. exakt. Naturwiss. Bd. 7 (1928) S. 114—157. — GÖTZ, F. W. P.: Das atmosphärische Ozon. Erg. d. Kosm. Physik (V. CONRAD-L. WEICKMANN) Bd. 1 S. 180—235. Leipzig 1931. — BARTELS, J.: Überblick über die Physik der hohen Atmosphäre. Elektr. Nachr.-Techn. Bd. 10 (1933) Sonderheft. — DOBSON, G. M. B.: The Upper Atmosphere. Smithson. Rep. 1935 S. 183—196. — HAURWITZ, B.: The Physical State of the Upper Atmosphere. Toronto 1937. — PENNDORF, R.: Beiträge zum Ozonproblem. Veröff. Geophys. Inst. Leipzig, 2. Ser., Bd. 8 (1936) Heft 4.

befriedigend erklärende Theorie steht noch aus. Die Beobachtungen nach der neuesten Zusammenstellung von RAMANATHAN[140] und SAMUELS[141] ergeben in der Temperaturverteilung in einem Meridionalschnitt der Atmosphäre folgendes Bild (Abb. 6). Und die Theorie hätte also vor allem drei Tatsachen zu erklären: 1. Die (angenäherte) Isothermie der Stratosphäre, 2. die Breitenabhängigkeit der Basis der Stratosphäre, 3. die Entstehung der Troposphäre mit Temperaturgradienten $-\dfrac{\partial T}{\partial z} < \gamma$.

Die angenäherte Konstanz der Stratosphärentemperatur erklärten bereits HUMPHREYS[142] und GOLD[143], indem sie die Stratosphäre als

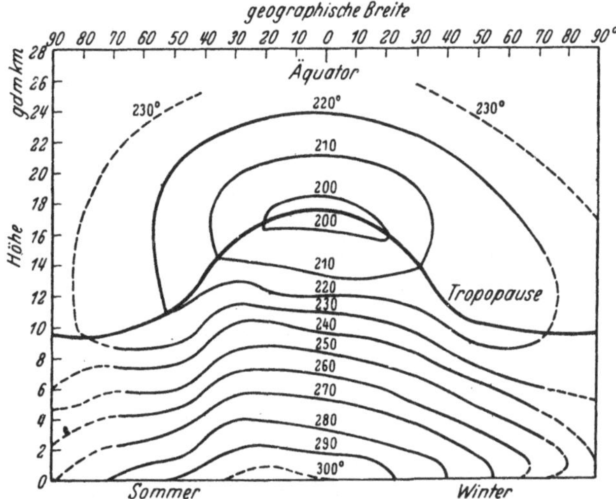

Abb. 6. Mittlere Temperaturverteilung im Meridionalschnitt (nach RAMANATHAN u. SAMUELS).

eine im Strahlungsgleichgewicht befindliche Schicht aufzufassen lehrten. R. EMDEN[144] zeigt aber, daß die Ausführungen von HUMPHREYS und GOLD in der strengen Kritik nicht standhalten und erzielte zugleich einen wesentlichen Fortschritt durch den Kunstgriff, die Strahlungsströme Z, R, E (vgl. S. 18) in je einen kurzwelligen $(0 < \lambda < 2\mu)$ und einen langwelligen $(2\mu < \lambda < \infty)$ Teil zu zerlegen, welche Verein-

[140] RAMANATHAN, K. R.: Discussion of results of sounding balloon ascent at Agra during the period July 1925 to March 1928 and some allied questions. Mem. Ind. Met. Departm. Bd. 25, Teil 5. Calcutta 1930.

[141] SAMUELS, L. T.: Temperature distribution up to 25 kilometers over the Northern Hemisphere. Month. Weath. Rev. (Wash.) 1929 S. 382.

[142] HUMPHREYS, W. J.: Vertical Temperaturgradient of the atmosphere, especially in the region of the upper inversion. Astrophys. J. Bd. 29 (1909) S. 14.

[143] GOLD, E.: The isothermal layer of the atmosphere and atmospheric radiation. Proc. Roy. Soc. Lond. A Bd. 82 (1909) S. 43—70.

[144] EMDEN, E.: Über Strahlungsgleichgewicht und atmosphärische Strahlung. S.-B. Akad. München 1913 S. 55—142.

fachung dadurch nahegelegt wird, daß für die kurzwellige Sonnenstrahlung $\lambda_{max} = 0,5\ \mu$, für die langwellige Erdstrahlung $\lambda_{max} = 10$ bis $14\ \mu$ (Ultrarot) ist, während zwischen 3 bis 5 μ weder Sonne noch Erde einen wesentlichen Bruchteil ihrer Gesamtstrahlung emittieren. Ergab die Annahme der Graustrahlung das der Erfahrung völlig widersprechende Ergebnis eines isothermen Aufbaus der Atmosphäre mit der Temperatur $-19°$ (= „effektive Erdtemperatur"[145]), so resultierten aus dem EMDENschen Ansatz folgende, mit der Erfahrung in erster Näherung übereinstimmende Daten:

1. Stratosphärentemperatur $= -54°\,C$ (beobachtet: $-85°$ in den Tropen, $-50°$ in den Polargebieten),
2. angenäherte Konstanz der Temperatur mit der Höhe in der Stratosphäre (beobachtet: langsame Temperaturzunahme nach oben),
3. 10 km als untere Grenze der Stratosphäre (beobachtet: 17 km in den Tropen, 9 km in den Polargebieten),
4. in der Troposphäre ist kein Strahlungsgleichgewicht möglich,

zu deren Beurteilung zu beachten ist, daß die EMDENsche Rechnung sich auf die Erde als Ganzes bezieht. Der Berechnung der Stratosphärentemperatur T aus

$$(168) \qquad \sigma T^4 = \frac{J_0}{8}(1 - a)\left(1 + \frac{k_k}{k_l}\right) = \frac{J}{2}\left(1 + \frac{k_k}{k_l}\right),$$

worin bedeuten: $J_0 =$ Solarkonstante*, $a =$ Energiealbedo, k_k, k_l $=$ mittlere Absorptionskoeffizienten für kurz- bzw. langwellige Strahlung, liegt nämlich die aus (42) folgende Annahme

$$Z - R = \int\limits_{0}^{\infty}(Z_\lambda - R_\lambda)\,d\lambda = 0$$

zugrunde, die offensichtlich nur für die Erde als Ganzes gilt; allgemeiner ist $Z - R = D_\varphi$ für ein in der Breite φ gelegenes Flächenelement, wobei $D_\varphi > 0$ für die „Einstrahlungsgebiete" und $D_\varphi < 0$ für „Ausstrahlungsgebiete" ist. Die Verallgemeinerung von (168) ist dann:

$$(169) \qquad \sigma T_\varphi^4 = \frac{J_\varphi}{2}\left(1 + \frac{k_k}{k_l}\right) - \frac{D_\varphi}{2},$$

wenn J_φ die effektive Sonnenstrahlung in der Breite φ bedeutet[146].

---

[145] EMDEN, R.: a. a. O. S. 78.

* Dann ist $J = \dfrac{J_0(1 - a)}{4} = \dfrac{J_0(1 - a)\,\pi\,r^2}{4\,\pi\,r^2}$ die „effektive solare Einstrahlung", d. h. die Einstrahlung auf die Flächeneinheit an der oberen Grenze der Atmosphäre bei gleichmäßig über die ganze Erde im Laufe eines Jahres verteilten Sonnenstrahlung nach Abzug des reflektierten Teiles.

[146] MÜGGE, R.: Über warme Hochdruckgebiete und ihre Rolle im atmosphärischen Wärmehaushalt. Veröff. geophys. Inst. Leipzig, 2. Ser. Bd. 3 Heft 4. Leipzig 1927.

Die atmosphärische Absorption ist hauptsächlich eine Funktion des Wasserdampfgehaltes, dessen vertikale Verteilung EMDEN durch die empirische Formel $e = e_0 \cdot 10^{-\frac{z}{6}}$ [z in km] (Näherungswert der Formel von SÜRING) berücksichtigt. Dagegen hat HERGESELL[147] geltend gemacht, daß doch die mittlere vertikale Verteilung des Wasserdampfes selbst wiederum eine Funktion derjenigen mittleren Temperaturverteilung ist, die man erst aus der Bedingung des Strahlungsgleichgewichtes zu errechnen wünscht, und er hat gezeigt, daß die beobachtete (also vorgegebene) Wasserdampfverteilung in bezug auf die (errechneten) Strahlungsgleichgewichts-Temperaturen nach der EMDENschen Berechnung in der Troposphäre enorme Übersättigungen (bis 6000%) ergibt.

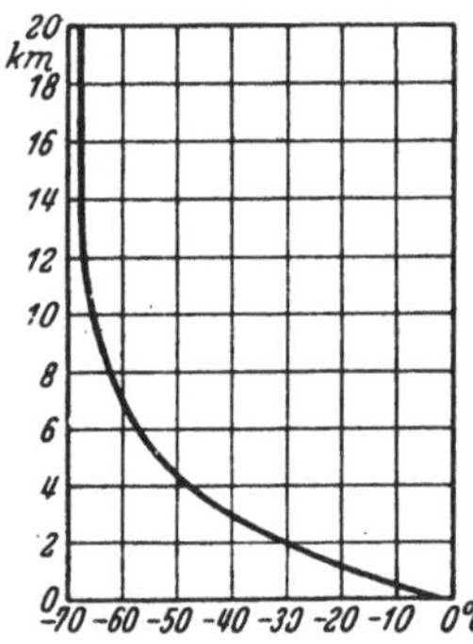

Abb. 7. Vertikale Temperaturverteilung nach der Berechnung H. v. SOCHERS auf Grund der EMDENschen Theorie.

Deshalb hat HERGESELL (a. a. O.) eine neue Berechnung unter der Annahme durchgeführt, daß der überschüssige Wasserdampf bei der Einstellung des Strahlungsgleichgewichts ausgeschieden wird. Dann resultiert aber auch für die Troposphäre fast völlige Isothermie von $-54°$ C, während die EMDENsche Berechnung außerordentliche Instabilität für die untersten Troposphärenschichten ergab[148] (vgl. Abb. 7). Es gibt also nur die EMDENsche Theorie *im Prinzip* eine Erklärung der Troposphäre, die demnach als die Schicht aufzufassen ist, in der wegen der als Folge der Instabilität (zu der das Strahlungsgleichgewicht strebt) sich einstellenden Konvektionsströmungen Strahlungsgleichgewicht nicht erreicht werden kann[149], was mit den von ALBRECHT[150] erhaltenen Resultaten übereinstimmt. Kann sich also Strahlungsgleichgewicht in der Troposphäre nicht einstellen, so darf auch nicht erwartet werden, daß der troposphärische Teil der EMDENschen Strahlungsgleichgewichts-Temperaturkurve durch Beobachtungen zu belegen ist, da sich diese Temperaturverteilung eben nicht ausbilden kann.

---

[147] HERGESELL, H.: Die Strahlung der Atmosphäre unter Zugrundelegung von Lindenberger Temperatur- und Feuchtigkeitsmessungen. Arb. aeronaut. Obs. Lindenberg Bd. 13 (1919) S. 1—24.

[148] Neuere Berechnungen der Temperaturverteilung bei Strahlungsgleichgewicht liegen von H. v. SOCHER vor (Die Temperaturverteilung in der Atmosphäre bei Strahlungsgleichgewicht. Meteorol. Z. 1924 S. 188) unter Zugrundelegung neuerer Werte der Konstanten J_0, a, σ; als Stratosphärentemperatur ergibt sich $-66°$ C, und die effektive Erdtemperatur erniedrigt sich auf $-32°$ C.

[149] Vgl. F. M. EXNER: Vertikale Temperaturverteilung als Effekt des Umsturzes der Strahlungsschichten. Meteorol. Z. 1915 S. 318.

[150] ALBRECHT, F.: Das quantentheoretisch gegebene Wasserdampfspektrum und seine Bedeutung für die Untersuchungen über den Wärmeumsatz strahlender Luftschichten. Meteorol. Z. 1931 S. 476—480.

Damit wird auch der HERGESELLsche Übersättigungseinwand hinfällig.

Die Breitenabhängigkeit der Stratosphärentemperatur T_φ hat sich theoretisch noch nicht befriedigend darstellen lassen; man benutzt gewöhnlich umgekehrt die empirisch bestimmte Stratosphärentemperatur zur Bestimmung der Größe D_φ in (126). Ein näheres Eingehen auf die zahlreichen diesbezüglichen Untersuchungen (R. MÜGGE, G. C. SIMPSON) müssen wir uns hier versagen; erwähnt sei nur, daß z. B. SIMPSON[151] mittels der von ihm berechneten D_φ-Werte folgenden horizontalen Wärmestrom ermittelte, der aus den Wärmemengen resultiert, die durch horizontale Luftmassentransporte (durch „Advektion") und durch Meeresströmungen polwärts verfrachtet werden, wobei angenommen wurde, daß sich ein stationärer Zustand zwischen den äquatorialen Einstrahlungsgebieten $(D_\varphi > 0)$ und borealpolaren Ausstrahlungsgebieten $(D_\varphi < 0)$ ausgebildet hat:

$\varphi =$	0°	10°	20°	30°	40°	50°	60°	70°	80°	90°
Wärmestrom . . .	0,00	0,69	1,24	1,63	1,83	1,82	1,56	1,23	0,73	0,00

Die Zahlen geben in der Einheit 10^7 cal/cm·min die über 1 cm eines Breitenkreises pro Minute polwärts transportierten Wärmemengen; es ist bemerkenswert, daß eine auf rein dynamischen Grundlagen basierende Berechnung dieser meridionalen Wärmetransporte, wie sie erstmalig von DEFANT[152], neuerdings von BAUR[153] durchgeführt wurde, zu Zahlen der gleichen Größenordnung führt. Denkt man sich z. B. nach BARTELS[154] den advektiven Wärmetransport auf die untersten 20 km der Atmosphäre beschränkt, so entspricht diesem Transport in 50° Breite also ein Wärmefluß von 9 cal/cm²·min durch eine ostwestlich stehende vertikale Einheitsfläche, und man erhält eine anschauliche Vorstellung

---

[151] SIMPSON, G. C.: Some Studies in Terrestrial Radiation. Mem. Roy. Meteorol. Soc. Lond. Bd. 2 Nr. 16 — Further Studies in Terrestrial Radiation. Ebenda Bd. 3 Nr. 21 — The Distribution of Terrestrial Radiation. Ebenda Bd. 3 Nr. 23. — Erweiterte Berechnungen der Ausstrahlung und Gegenstrahlung (für die verschiedenen geographischen Breiten) mit entsprechenden Bestimmungen der meridionalen, Wärme- und Wasserdampftransporte liegen von F. BAUR und H. PHILIPPS vor: Der Wärmehaushalt der Lufthülle der Nordhalbkugel im Januar und Juli und für die Zeit der Äquinoktien und Solstitien. 2. Mitt. Gerlands Beitr. Geophys. Bd. 45 (1935) S. 82. — Einen ausgezeichneten Bericht über die SIMPSONschen Arbeiten sowie über die Entwicklung der einschlägigen Theorien überhaupt gibt C. L. PEKERIS: The development and present status of the theory of the heat balance in the atmosphere. Mass. Inst. of Techn. Prof. Notes Nr. 5. Cambridge (Mass.) 1932.

[152] DEFANT, A.: Die Zirkulation der Atmosphäre in den gemäßigten Breiten der Erde. Geogr. Ann., Stockholm 1921 S. 209—266.

[153] BAUR, FR.: Die Formen der atmosphärischen Zirkulation in der gemäßigten Zone. Gerlands Beitr. Geophys. Bd. 34 (1931) S. 264—309 — Die allgemeine atmosphärische Zirkulation in der gemäßigten Zone. Meteorol. Z. 1932 S. 470—477.

[154] BARTELS, J.: Die Wärmestrahlung der Erde. Naturwiss. 1929 S. 584—586.

von der Bedeutung dieses horizontalen Wärmestromes für die Thermodynamik der Atmosphäre in den mittleren Breiten, wenn man beachtet,
daß der durch die horizontale Flächeneinheit auf- oder abwärts gehende
Strahlungsstrom in der gleichen Breite nur den 35ten Teil des horizontalen Wärmestroms beträgt.

Auf S. 50 wurde darüber berichtet, wie der thermodynamische Nutzeffekt der atmosphärischen Zirkulation wesentlich von den Annahmen
über die Höhenlage der Wärme- und Kältequellen abhängt; zur Beurteilung der Lage und Entstehung der Kältequellen geben uns neuere
strahlungstheoretische Arbeiten von ROBERTS, MÜGGE, MÖLLER und
ALBRECHT wichtige Anhaltspunkte. Die Schwarzstrahlung (S_s) der
Erd- bzw. Wolkenoberfläche* durchsetzt nach diffuser Durchstrahlung
einer Atmosphärenschicht von der Dicke z und der Masse (pro Flächeneinheit) $m = \int_0^z \varrho\, dz$ ein Flächeneinheitselement mit dem Betrag[155]

$$S_s^\uparrow = 2 \int_0^\infty E_\lambda \cdot H_3(k_\lambda\, m)\, d\lambda\,,$$

und von der diffusen langwelligen Eigenstrahlung (S_m) der umgebenden Luftschichten $\left(m = \int_0^z \varrho\, dz \quad \text{und} \quad m' = \int_z^\infty \varrho\, dz \right)$ durchsetzen dieses
Flächeneinheitselement die Strahlungsströme

$$S_m^\uparrow = 2 \int_0^\infty k_\lambda\, E_\lambda\, H_2(k_\lambda\, m)\, d\lambda \quad \text{und} \quad S_{m'}^\downarrow = 2 \int_0^\infty k_\lambda\, E_\lambda\, H_2(k_\lambda\, m')\, d\lambda\,,$$

in denen E_λ durch PLANCKS Gesetz (27) gegeben ist und die schon von
GOLD (a. a. O.) eingeführten Funktionen $H_n(k_\lambda m)$ durch

$$H_n(k_\lambda\, m) = \int_0^{\frac{\pi}{2}} \exp\left(-\frac{k_\lambda\, m}{\cos\vartheta} \right) \cdot \cos^{n-2}(\vartheta)\, \sin(\vartheta)\, d\vartheta$$

erklärt sind, die durch die Substitution $\cos^{-1}\vartheta = \xi$ und partielle Integration auf den Integrallogarithmus reduziert werden können. Die
„totale Ausstrahlung" $S^\uparrow = S_s^\uparrow + S_m^\uparrow - S_{m'}^\downarrow$ nimmt mit der Höhe rasch
zu, wie ROBERTS[156] und ALBRECHT[157] zeigten, was hauptsächlich in
der mit der Abnahme des Wasserdampfgehaltes verknüpften Verminderung der „atmosphärischen Gegenstrahlung" $S_{m'}^\downarrow$ begründet ist. Abb. 8

---

* Über die Berechtigung des Ansatzes der Schwarzstrahlung vgl. S. 18.

[155] Vgl. z. B. R. MÜGGE: Wärmehaushalt der Stratosphäre (2. Teil). Handb.
d. Geophysik (B. GUTENBERG) Bd. 9 S. 160ff.

[156] ROBERTS, O. F. T.: On radiative diffusion in the atmosphere. Proc. Roy.
Soc. Edinburgh Bd. 60 (1930) S. 225—242.

[157] ALBRECHT, F.: Der Wärmeumsatz durch die Wärmestrahlung des Wasserdampfes in der Atmosphäre. Z. Geophys. 1930 S. 421—435.

stellt nach ROBERTS die totale Ausstrahlung in einer Atmosphäre folgenden Aufbaus dar: $T_0 = 290°$, $e_0 = 10$ mm Hg (und Abnahme von e mit der Höhe gemäß SÜRINGS Formel; vgl. S. 76), $-\dfrac{\partial T}{\partial z} = 0{,}6°/100$ m bis $z = 10{,}6$ km, dann Isothermie.

Da der Wärmeverlust einer Luftschicht pro Zeit- und Volumeneinheit infolge Ausstrahlung durch

$$(170) \qquad c_p \varrho \, \frac{\partial T}{\partial t} = - \frac{\partial S^\uparrow}{\partial z}$$

gegeben ist, läßt die Abb. 8 erkennen, daß der maximalste Wärmeverlust durch langwellige Ausstrahlung in der Schicht von 6 bis 10 km Höhe („Emissionsschicht") erfolgt. Nachdem MÜGGE und MÖLLER[158] durch Konstruktion eines graphischen Auswertungspapiers die Arbeit der Ermittlung der Strahlungswärme $S^\uparrow_s$, $S^\uparrow_m$ und $S^\uparrow_{m'}$ erheblich reduziert haben, steht der Anwendung des Verfahrens auch auf synoptisch interessante Einzelfälle nichts mehr im Wege. Wichtig ist der von MÜGGE und MÖLLER[159] erbrachte Nachweis, daß selbst bedeutende Änderungen von Temperatur und Feuchtigkeit in den untersten Troposphärenschichten die Strahlungsbilanz in etwa 10 bis 13 km Höhe nicht wesentlich beeinflussen, sofern sich die Verhältnisse in der übrigen Troposphäre nicht ändern.

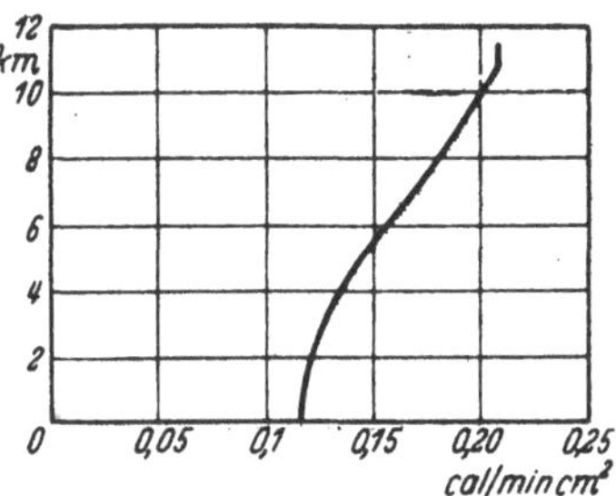

Abb. 8. Die totale Ausstrahlung als Funktion der Höhe (nach O. F. T. ROBERTS).

Bezüglich der Breitenabhängigkeit der Höhe der Emissionsschicht sei auf die zuletzt zitierte Arbeit von MÜGGE und MÖLLER sowie auf die (von anderen Voraussetzungen ausgehende) Untersuchung von ALBRECHT[160] verwiesen. Es muß jedoch erwähnt werden, daß eine neuere Berechnung von MÖLLER[161], der ein abgeändertes, die Linienstruktur der Absorptionsbanden des Wasserdampfes berücksichtigendes Spektrum zugrunde gelegt wurde, die Emissionsschicht nicht mehr erkennen ließ, vielmehr behielt die Abkühlung durch Ausstrahlung von 1 bis 8 km Höhe nahezu einen konstanten Wert (1,4° C/Tag) und ging gegen die Stratosphärenbasis bis fast auf Null herab.

<hr>

[158] MÜGGE, R., u. F. MÖLLER: Zur Berechnung von Strahlungsströmen und Temperaturänderungen in Atmosphären von beliebigem Aufbau. Z. Geophys. 1932 S. 53—64.

[159] MÜGGE, R., u. F. MÖLLER: Über Abkühlungen in der freien Atmosphäre infolge der langwelligen Strahlung des Wasserdampfes. Meteorol. Z. 1932 S. 95 bis 104.

[160] ALBRECHT, F.: Über die „Glashauswirkung" der Erdatmosphäre und das Zustandekommen der Troposphäre. Meteorol. Z. 1931 S. 57—68.

[161] MÖLLER, F.: Die Wärmequellen in der freien Atmosphäre. Meteorol. Z. 1935 S. 408—412.

Man neigt auf Grund der Arbeiten MÜGGES und MÖLLERS jetzt dazu, die Hypothese des Strahlungsgleichgewichts der unteren Stratosphäre aufzugeben; nachdem diese Arbeiten zeigen, daß die Bilanz aus Ein- und Ausstrahlung durchaus nicht den Wert Null aufweist, ist die Berücksichtigung der übrigen Energieströme, die aus Advektion, Konvektion und Austausch resultieren, zur Erklärung der quasistationären Temperaturverteilung notwendig. Daß auch für die obere Stratosphäre die Annahme eines Strahlungsgleichgewichtes unzulässig ist, hat PENNDORF[162] nachgewiesen. Das Problem des thermischen Aufbaus der Stratosphäre muß also zur Zeit als ungelöst gelten.

§ 6. Quasistatische Zustandsänderungen.

Abweichend von der thermodynamischen Definition (vgl. S. 7) werden hierunter in der Meteorologie derartige Zustandsänderungen verstanden, bei denen die statische Grundgleichung (97 oder 98) bis auf Glieder höherer Ordnung erfüllt ist[163].

Die Verteilung der potentiellen Temperatur $\vartheta(\varphi, z)$ in einem Meridianschnitt der Atmosphäre zeigt im Mittel ein Ansteigen der Flächen $\vartheta =$ konst. vom Pol zum Äquator in der Stratosphäre, wogegen sich in der unteren Troposphäre die Verhältnisse umkehren, so daß in der Zwischenzeit (obere Troposphäre) das meridionale Gefälle der potentiellen Temperatur relativ gering ist (vgl. z. B. F. M. EXNER: Dynam. Meteorol., 2. Aufl. 1925, S. 233 Abb. 53); dieser Dreiteilung der Atmosphäre[164] kommt ersichtlich große Bedeutung für die Advektionsvorgänge zu, die ihrerseits wieder für die Zyklogenese grundlegend sind, besonders für das Verständnis der von H. v. FICKER inaugurierten „zusammengesetzten Depressionen". Denn „horizontale" und adiabatisch verlaufende Massenversetzungen bedingen z. B. in der Stratosphäre die Heranfuhr potentiell kälterer (wärmerer) Luft, wenn die Strömung eine polwärts (äquatorwärts) gerichtete meridionale Komponente aufweist. Es ist jedoch zu beachten, daß dies nur im Mittel gilt, im Einzelfall kann z. B. in der Stratosphäre kalte Luft auch mit äquatorwärts gerichteter Komponente herandriften, wie beispielsweise ZISTLER[165] nachwies.

Der durch Advektion bedingte Wechsel verschieden temperierter Luftmassen in einem raumfesten Volumen wird, selbst wenn die

---

[162] PENNDORF, R.: Beiträge zum Ozonproblem. Die Rolle des Ozons im Wärmehaushalt der Stratosphäre. Veröff. geophys. Inst. Leipzig, 2. Ser. Bd. 8 Heft 4. Leipzig 1936.

[163] Nach TH. HESSELBERG und A. FRIEDMANN (Die Größenordnung der meteorologischen Elemente. Veröff. geophys. Inst. Leipzig, 2. Ser. Bd. 1 Heft 5) ist unter mittleren Verhältnissen die statische Grundgleichung mit einer Genauigkeit von $1^0/_{00}$ gültig.

[164] Vgl. hierzu H. v. FICKER: Bemerkungen über die Konstitution zusammengesetzter Depressionen. Meteorol. Z. 1921 S. 65—70.

[165] ZISTLER, P.: Die Windverhältnisse in der Stratosphäre über München. Beitr. Physik frei. Atmosph. Bd. 14 S. 65—74.

Advektion nur oberhalb einer gewissen Höhe $z = H$ erfolgt, auch Druckänderungen in der Luftsäule* $0 \leqq z \leqq H$ („advektionsfreier Raum")
zur Folge haben, und es entsteht zunächst die Frage, wie sich die advektive Druckänderung, das ist das Druckäquivalent der advektiven
Massenänderung oberhalb H in der Zeit t:

$$(171) \qquad \delta\pi = - \int\limits_{H}^{\infty} \int\limits_{0}^{t} g\, \frac{\partial(\varrho\, v_k)}{\partial x_k} \cdot dz\, dt \qquad (k = 1, 2;\ x_3 = z)$$

in den advektionsfreien Raum „überträgt". Gleichung (171) ergibt sich
aus der Kontinuitätsgleichung (46) mittels der statischen Grundgleichung (122); es ist also $\delta\pi$ die Druckänderung, die an der oberen
Grenze H des advektionsfreien Gebiets in der Zeit t als Folge der Advektion oberhalb H beobachtbar sein würde, wenn die zur Zeit $t = 0$
in H liegende „materielle" Fläche „raumfest" wäre. Da dieselbe aber
„materiefest" ist, wird sie z. B. bei positivem $\delta\pi$ ein Stück δH heruntergedrückt, so daß an einem in H befindlichen Barometer nur die lokale
Druckänderung**

$$\delta p_H = \delta\pi + g\varrho\, \delta H$$

beobachtbar ist. Für den advektionsfreien Raum gilt entsprechend:

$$(172) \qquad \delta p = \delta\pi + g\varrho\, \delta z\,,$$

wie aus der auf das Intervall (z, ∞) angewandten Kontinuitätsgleichung (46) mit Rücksicht auf (122) und (171) folgt. Ist die Verschiebung δz als Funktion der Höhe bekannt, so kann mit Hilfe von
(172) aus den beobachtbaren lokalen Druckvariationen δp geprüft werden, ob das Intervall $(0, H)$ tatsächlich ein advektionsfreier Raum ist,
d. h. ob die zu den Druckvariationen δp Veranlassung gebenden Massenverlagerungen oberhalb H erfolgen.

δz kann wie folgt berechnet werden: Unter der Annahme, daß in
den benachbarten Luftsäulen die gleichen Zustandsänderungen vor sich
gehen, läßt sich das Problem eindimensional behandeln; die Konti-
nuitätsgleichung $\int\limits_{0}^{t} \frac{d\varrho}{\varrho\, dt}\, dt = - \frac{\partial(\delta z)}{\partial z}$ ergibt in Verbindung mit der Poly-
tropengleichung $p\varrho^{-\frac{n+1}{n}} = $ konst. und mit Rücksicht darauf, daß im
advektionsfreien Raum die individuelle Druckänderung einer materiellen
Fläche in der Zeit t gleich dem Druckäquivalent der Massenzufuhr
oberhalb H sein muß, also $\int\limits_{0}^{t} \frac{dp}{dt}\, dt = \delta\pi$:

$$(173) \qquad \frac{\partial(\delta z)}{\partial z} = - \frac{n}{(n+1)} \cdot \frac{\delta\pi}{p}\,,$$

---

* Im folgenden soll unter „Luftsäule" stets eine solche vom Querschnitt 1 cm²
verstanden werden. ·

** δH werde nach oben positiv gezählt, dann müssen $\delta\pi$ und δH entgegen-
gesetzte Vorzeichen haben.

worin $\delta\pi$ im Intervall $(0, H)$ von z unabhängig und gleich der Bodendruckänderung δp_0 ist. Dagegen kann die Polytropenklasse n eine Funktion von z sein, es kann z. B. bei positivem $\delta\pi$ der untere Teil der Luftsäule $(0, H)$ isotherm, der obere adiabatisch komprimiert werden. Wegen $\delta z = 0$ für $z = 0$ (Erdboden) folgt aus (173) und (172):

$$(174) \qquad \delta p = \delta\pi\left\{1 - g\varrho\int_0^z \frac{n \cdot dz}{(n+1)\,p}\right\}.$$

Der Spezialfall $n = 1/(\varkappa - 1)$ ergibt sie von STEINER[166] und ROSSBY[167] eingehend behandelte adiabatische Druckübertragung

$$(175) \qquad \delta p = \delta\pi\left\{1 - \frac{g\varrho}{\varkappa}\int_0^z \frac{dz}{p}\right\} = \delta\pi \cdot r_1 \, ,$$

worin der Faktor $r_1 = \left\{1 - \dfrac{g\varrho}{\varkappa}\displaystyle\int_0^z \frac{dz}{p}\right\}$ durch den Ansatz $p = p_0 \cdot \exp\left(-\dfrac{g z}{RT_m}\right)$ (vgl. S. 55) in die für numerische Rechnungen bequeme Näherung $r_2 = 1 - \dfrac{T_m}{\varkappa T}\left(1 - \dfrac{p}{p_0}\right)$ übergeführt werden kann (ROSSBY, a. a. O.).

Ergibt der Quotient $\delta p/r_1$ (bzw. $\delta p/r_2$) für alle Höhen z des Intervalls $(0, H)$ denselben Wert gemäß (175), so ist damit der Beweis für das Fehlen von Advektion in der 'Säule $(0, H)$ erbracht. Zur Orientierung über die Leistungsfähigkeit dieser Methode diene folgendes von ROSSBY durchgerechnetes Beispiel, dem die Registrierballonaufstiege vom 11. und 13. April 1912 in Trappes (Paris) zugrunde liegen*:

Meereshöhe [km]	Druck [mm Hg] 11. April 1912	δT	δp	r_1	$\delta\pi$	$-\delta z$ [m]
0,170	743	− 5,6	+14	1,00	14	0
1	671	− 2,6	+11	0,93	12	10
2	591	− 0,1	+10	0,85	12	24
3	520	+ 4,5	+ 9	0,78	12	39
4	457	+ 0,7	+ 8	0,72	11	57
5	400	+ 0,5	+ 8	0,65	12	77
6	349	+ 0,7	+ 7	0,60	12	100
7	303	+ 0,9	+ 6	0,55	11	127
8	262	+ 0,4	+ 6	0,50	12	157
9	226	+ 0,1	+ 5	0,45	11	193
10	193	+ 3,4	+ 4	0,41	10	234
11	165	+11,7	+ 5	0,37	14	282
12	140	+13,9	+ 5	0,35	14	338

[166] STEINER, L.: A barométeres magasságképtröl. Az Időjárás, Budapest 1926 S. 6—15 — Auszug davon unter dem Titel: „Druck- und Temperaturänderungen in der Atmosphäre" in der Meteorol. Z. 1926 S. 271—276.

[167] ROSSBY, C. G.: Zustandsänderungen in atmosphärischen Luftsäulen. Beitr. Physik frei. Atmosph. Bd. 13 (1927) S. 163—174.

* δT = beobachtete lokale Temperaturänderung, δp = beobachtete lokale Druckänderung (vom 11. zum 13. IV. 1912).

In Anbetracht des Umstandes, daß die Drucke nur auf ganze Millimeter Hg gegeben waren, so daß dadurch schon Fehler von 1 mm Hg in den δp möglich sind, ist die Übereinstimmung der $\delta\pi$-Werte für die ganze Troposphäre erstaunlich; die beobachteten Druckvariationen δp, insbesondere die Bodendruckänderung $\delta p_0 = +14$ mm Hg, können also nicht durch Advektion kalter Luft in der Troposphäre erklärt werden; es deuten ja auch nur die negativen δT-Werte in Bodennähe Advektion kalter Luft daselbst an. Aus den positiven δT-Werten von 3 km aufwärts würde man nun aber auf Advektion warmer Luft in Höhen über 3 km schließen, allein die Konstanz der $\delta\pi$-Werte beweist das Fehlen von Advektion in der Troposphäre. Die Bodendruckänderung $\delta p_0 = +14$ mm Hg muß also überwiegend aus einer stratosphärischen Massenzufuhr mit dem Druckäquivalent $\delta\pi = +12$ mm Hg resultieren, und nur die restlichen 2 mm Hg dürften auf Advektion kalter Luft in den untersten Kilometern zurückzuführen sein. Es deuten dann die positiven δT-Werte oberhalb 3 km Temperaturerhöhung durch adiabatische Kompression an*. Würden diese Temperaturänderungen im advektionsfreien Raum vernachlässigt werden können, so müßte wegen (124) gelten ($p_1 = p_0$, $p_2 = p$, $\delta p_0 = \delta\pi$, $\delta T_m = 0$**):

$$(176) \qquad \delta p = \delta\pi \cdot \frac{p}{p_0} = \delta\pi \cdot r_3 ,$$

mit $r_3 = p/p_0$, allein die erheblichen Abweichungen des Reduktionsfaktors r_3 von dem exakten r_1 oder von dem Näherungswert r_2 sind für größere Höhen so erheblich, daß für Luftsäulen großer Höhe die Vereinfachung $\delta T_m = 0$ selbst beim Fehlen von Advektion in der Säule nicht statthaft ist. Die Tabelle auf S. 84 (nach Rossby, a. a. O. S. 170) zeigt, daß mit genügender Genauigkeit der Näherungswert r_2 an Stelle des exakten Wertes r_1 benutzt werden kann, daß aber die Reduktion mittels r_3 nur für die untersten 4 km (Fehler etwa 10%) statthaft ist.

Es wurde bereits erwähnt, daß die als Folge der adiabatischen Druckübertragung im advektionsfreien Raum auftretenden Temperaturänderungen mittels des aerologischen Beobachtungsmaterials schlecht nachprüfbar sind, wenigstens in Einzelfällen und in geringen Höhen,

---

* Auch die δT-Werte lassen sich aus der stratosphärischen Massenzufuhr berechnen (vgl. z. B. Rossby: a. a. O. S. 169), allein der Vergleich zwischen Theorie und Beobachtung fällt hier gewöhnlich unbefriedigend aus, weil geringe advektive Temperaturänderungen, die aber noch zu schwach sind, um meßbare Druckänderungen zu bewirken, die berechneten Temperaturänderungen (Kompressionseffekt) schon merkbar stören.

** Diese Bedingung ist nicht identisch mit der Annahme isothermer Kompression der Luftsäule, denn dann ist: $dT = 0$, also $\delta T = -\dfrac{\partial T}{\partial z} \cdot \delta z = \dfrac{\partial T}{\partial z}\, \delta\pi \cdot \displaystyle\int_0^z \frac{dz}{p}$,

wie aus (130) für $n \to \infty$ folgt; mithin ist $\delta T < 0$ bei $\delta\pi > 0$ unter normalen Verhältnissen ($\partial T/\partial z < 0$), also auch $\delta T_m < 0$.

Meereshöhe (km)	Zustandswerte*		Reduktionsfaktoren		
	p	T	r_1	r_2	r_3
0,392	723,3	287,3	1,00	1,00	1,00
1	672	282,0	0,95	0,96	0,93
2	596	286,9	0,87	0,88	0,82
3	529	281,1	0,80	0,83	0,73
4	467	273,0	0,73	0,77	0,65
5	412	264,7	0,66	0,71	0,57
6	362	259,7	0,61	0,65	0,50
7	318	254,1	0,56	0,60	0,44
8	277	247,6	0,51	0,55	0,38
9	241	240,3	0,46	0,50	0,33
10	208,5	232,4	0,42	0,45	0,29
11	180,5	226,1	0,38	0,41	0,25
12	155	221,0	0,35	0,36	0,21
13	133	216,6	0,32	0,32	0,18
14	114	219,6	0,32	0,31	0,16
15	98	221,6	0,32	0,29	0,14
16	84	222,6	0,31	0,28	0,12
17	72	220,9	0,30	0,27	0,10

da erst in der Substratosphäre und Stratosphäre die Temperaturänderungen durch adiabatische Kompression bzw. Dilatation größere Beträge erreichen (vgl. z. B. ROSSBY, a. a. O.); wir gehen daher hierauf nicht näher ein und bemerken nur, daß in theoretischer Hinsicht der Einfluß stratosphärischer Massenverlagerungen auf die vertikale Temperaturverteilung in der Troposphäre in den Arbeiten von HESSELBERG[168], EXNER[169], HAURWITZ[170], STEINER[171] und ROSSBY[172] erschöpfend behandelt ist.

Die energetischen Verhältnisse der (als advektionsfrei vorausgesetzten) Troposphäre unter dem Einfluß stratosphärischer Druckschwankungen wurde von ERTEL[173] und BECKER[174] untersucht. Durch Kompression ($\delta\pi > 0$) nimmt z. B. die potentielle Energie einer tropo-

---

* Aufstiegsdaten von Huron (Süd-Dakota) vom 11. Sept. 1910 [Bull. Mt. Weather Obs. Bd. 4 (1912) S. 245].

[168] HESSELBERG, TH.: Über den Zusammenhang von Druck- und Temperaturschwankungen in der Atmosphäre. Meteorol. Z. 1915 S. 311—318.

[169] EXNER, F. M.: Über den Einfluß von Luftdruckänderungen auf die vertikale Temperaturverteilung. Ann. Hydrogr. 1926 KÖPPEN-Heft S. 20—26.

[170] HAURWITZ, B.: Einfluß von Massenänderungen in großen Höhen auf die vertikale Temperaturverteilung. Meteorol. Z. 1927 S. 253—260.

[171] a. a. O., vgl. Lit.-Nachweis Nr. 166.

[172] a. a. O., vgl. Lit.-Nachweis Nr. 167.

[173] ERTEL, H.: Zur Energetik atmosphärischer Luftsäulen. Meteorol. Z. 1929 S. 10—16.

[174] BECKER, R.: Zur Frage der Thermozyklogenese durch aufgeprägte stratosphärische Druckänderungen. Gerlands Beitr. Geophys. Bd. 32 (KÖPPEN-Bd. I) (1931) S. 260—267.

sphärischen Luftsäule, deren in der Höhe H gelegene obere Begrenzung „materiefest" ist, um

$$\delta E_{\mathrm{pot}} = -\frac{\delta \pi}{\varkappa}\left(H - p_H \int_0^H \frac{dz}{p}\right) < 0$$

ab, aber die innere Energie nimmt um den größeren Betrag

$$\delta E_i = +\frac{\delta \pi}{\varkappa} \cdot H$$

zu, so daß als Folge der stratosphärischen Massenzufuhr die troposphärische Energieanreicherung

$$(177) \qquad \delta(E_i + E_{\mathrm{pot}}) = p_H \cdot \frac{\delta \pi}{\varkappa} \int_0^H \frac{dz}{p} = -p_H \cdot \delta H > 0$$

resultiert, die ersichtlich das Äquivalent der von der Stratosphäre an die Troposphäre quasistatisch abgegebenen Verschiebungsarbeit $-p_H \cdot \delta H$ darstellt; man erkennt in Gleichung (177) den Spezialfall der Energiegleichung (111) für adiabatische, quasistatische Zustandsänderungen $(\delta' Q^* = 0; \ \delta E_{\mathrm{kin}} = \delta' R^* \to 0)$. Die Energieänderungen in einer 10 km hohen troposphärischen Säule unter dem Einfluß stratosphärischer Druckschwankungen $|\delta \pi| = 1$ bis $10\ \mathrm{mb/Tag}$ sind mit $\mathrm{magn}\,\delta(E_i + E_{\mathrm{pot}}) = 10^{-2}\,\mathrm{Watt/cm^2}$ von der Größenordnung der Energieumsetzungen in Zyklonen (vgl. S. 54) und beweisen damit die Notwendigkeit der Berücksichtigung stratosphärischer Advektionsvorgänge bei zyklonendynamischen Betrachtungen.

Die Untersuchungen über adiabatische Druckübertragung hat ROSSBY[175] später wesentlich erweitert, indem er die Voraussetzung eines advektionsfreien Raumes fallen ließ und annahm, daß in allen Höhen Advektion erfolgt; der oberhalb einer Höhe z eintretenden advektiven Massenänderung kommt analog (171) das Druckäquivalent

$$(178) \qquad \delta \pi(z) = -\int_z^\infty \int_0^t g \frac{\partial(\varrho v_k)}{\partial x_k} \cdot dz\, dt \qquad (k = 1, 2;\ x_3 = z)$$

zu, von dem nur der Anteil

$$(179) \qquad \delta p = \delta \pi(z) + g \varrho\, \delta z$$

als lokale Druckänderung beobachtet werden kann, da die Masse $\varrho\, \delta z$ unter das Niveau z heruntergedrückt wird. Die Verschiebung δz ist aber jetzt nicht nur eine Funktion der Advektion oberhalb z, sondern ist auch von der Advektion unterhalb z abhängig:

$$(180) \qquad \delta z = -\int_0^z \frac{n}{n+1} \cdot \frac{\delta \pi(z)}{p} \cdot dz,$$

---

[175] ROSSBY, C. G.: Studies in the dynamics of the stratosphere. Beitr. Physik frei. Atmosph. Bd. 14 (1928) S. 240—265.

und als Verallgemeinerung von (174) ergibt sich

$$\delta p = \delta\pi(z) - g\varrho \int_0^z \frac{n}{n+1} \cdot \frac{\delta\pi(z)}{p} \cdot dz,$$

woraus für adiabatische Verschiebungen die zur Berechnung der Advektion dienende Gleichung

$$(181) \qquad \delta\pi(z) = \delta p + \frac{g}{\varkappa R} \cdot \vartheta^{-1} \int_0^z \frac{\vartheta}{T} \cdot \delta p \cdot dz$$

resultiert (ROSSBY, a. a. O. S. 247), die später von STEINER[176] auch noch auf andere Weise abgeleitet wurde. Der Verlauf der $\delta\pi(z)$-Kurve zeigt sofort die Schichten mit Advektion $\left(\frac{\partial\,\delta\pi(z)}{\partial z} \neq 0\right)$ bzw. das Fehlen von Advektion $\left(\frac{\partial\,\delta\pi(z)}{\partial z} = 0\right)$ an (vgl. Abb. 9). Eine von ERTEL[177] durchgeführte numerische Bestimmung der Advektion für Kilometerstufen mittels (181) unter Zugrundelegung der von SCHEDLER[178] und HAURWITZ[179] aus internationalen Registrierballonaufstiegen berechneten Mittelwerte der interdiurnen Druckänderungen läßt die Dreiteilung der Atmosphäre hinsichtlich der Advektionsvorgänge im Sinne v. FICKERs, nämlich Maxima der Advektion in der unteren Troposphäre und in der Stratosphäre, die durch eine advektionsschwache Zwischenschicht (obere Troposphäre) getrennt sind (vgl. S. 80), deutlich erkennen, wenngleich auch die Absolutbeträge der berechneten Advektionsanteile noch einer präziseren Bestimmung bedürfen. Es zeigte sich ferner, daß die stratosphärische Advektion in den Fällen steigenden Bodendruckes, also bei der Ausbildung antizyklonaler Wetterlagen, besonders deutlich ausgeprägt ist, ein Resultat, das auch von ZISTLER[180] mittels Gleichung (132) aus den Münchener Aufstiegsdaten im internationalen Monat März 1928 erhalten wurde.

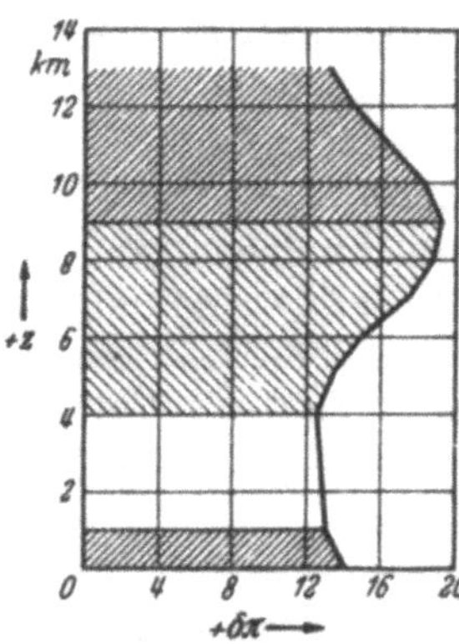

Abb. 9. Beispiel zur ROSSBYschen Advektionsfunktion. (Trappes, 8.—9. Dezember 1909.) Positive Advektion in den Schichten: Boden —1 km und 9—13 km Höhe, negative Advektion in der Schicht 4—5 km Höhe, keine Advektion in der Schicht 1 bis 4 km Höhe.

---

[176] STEINER, L.: Über die Druck- und Temperaturänderungen in der Atmosphäre durch Advektion. Beitr. Physik frei. Atmosph. Bd. 21 (1934) S. 323—331.

[177] ERTEL, H.: Zur Dynamik der atmosphärischen Druckschwankungen. Gerlands Beitr. Geophys. Bd. 25 (1930) S. 59—73.

[178] SCHEDLER, A.: Über den Einfluß der Lufttemperatur in verschiedenen Höhen auf die Luftdruckschwankungen am Erdboden. Beitr. Physik frei. Atmosph. Bd. 7 (1917) S. 88—101.

[179] HAURWITZ, B.: Beziehungen zwischen Luftdruck- und Temperaturänderungen. Ein Beitrag zur Frage des „Sitzes" der Luftdruckschwankungen. Veröff. geophys. Inst. Leipzig, 2. Ser. Bd. 3 (1927) Heft 5.

[180] ZISTLER, P.: Über primäre und sekundäre Druckwellen. Beitr. Physik frei. Atmosph. Bd. 15 (1929) S. 69—82.

Weitere Untersuchungen[181] haben jedoch ergeben, daß die Gleichung (181) nicht strenge Gültigkeit beanspruchen kann, da sie in Einzelfällen eine viel zu große stratosphärische Advektion liefert. Von ERTEL und LI (a. a. O.) wurde daraufhin durch Abänderung der ROSSBYschen Beweisführung die Gleichung

$$(182) \qquad \delta p(z) = \delta \pi(z) \left(1 - \frac{g\varrho}{\varkappa} \int_0^z \frac{dz}{p} \right)$$

abgeleitet, die also der ROSSBYschen Gleichung (175) allgemeine Gültigkeit auch für advektionserfüllte Luftsäulen zuschreibt[182] und mit der in der Form

$$(183) \qquad \delta p(z) = \delta \pi(z) \left\{ 1 - g\varrho \int_0^z \left(\frac{n}{n+1} \right) \frac{dz}{p} \right\}$$

von BLÜTHGEN[183] Berechnungen für polytrope Zustandsänderungen durchgeführt wurden, die ergaben, daß der allgemeine Charakter des mittleren Verlaufs der $\delta\pi(z)$-Funktion auch für nichtadiabatische Zustandsänderungen erhalten bleibt. Aber die Gleichungen (182), (183) weisen den Übelstand auf, daß die Advektion $\delta\pi(z)$ zugleich mit den lokalen Druckvariationen verschwindet, was in Wirklichkeit durchaus nicht der Fall zu sein braucht.

Eine Gleichung, die von diesem Fehler frei ist und die für adiabatische Zustandsänderungen den richtigen Wert der ROSSBYschen Advektionsfunktion liefert, ist

$$(184) \quad \delta\pi(z) = \delta p + \frac{g}{\varkappa R\vartheta} \int_0^z \frac{\vartheta}{T} \delta p \, dz + \frac{g}{\vartheta} \int_0^z \left\{ \frac{\partial(\varrho\,\delta x\,\vartheta)}{\partial x} + \frac{\partial(\varrho\,\delta y\,\vartheta)}{\partial y} \right\} dz,$$

worin δx, δy die horizontalen Komponenten der Luftmassenversetzung in derselben Zeit bedeuten, auf die sich die zeitlich lokale Druckänderung δp bezieht. Der Beweis ergibt sich wie folgt: Die Adiabatengleichung

$$\delta\vartheta + \frac{\partial\vartheta}{\partial x} \delta x + \frac{\partial\vartheta}{\partial y} \delta y + \frac{\partial\vartheta}{\partial z} \delta z = 0$$

ergibt in Verbindung mit der Kontinuitätsgleichung

$$\delta\varrho + \frac{\partial(\varrho\,\delta x)}{\partial x} + \frac{\partial(\varrho\,\delta y)}{\partial y} + \frac{\partial(\varrho\,\delta z)}{\partial z} = 0$$

die Gleichung:

$$\delta(\varrho\,\vartheta) + \frac{\partial(\varrho\,\delta x\,\vartheta)}{\partial x} + \frac{\partial(\varrho\,\delta y\,\vartheta)}{\partial y} + \frac{\partial(\varrho\,\delta z\,\vartheta)}{\partial z} = 0,$$

---

[181] ERTEL, H., u. S. LI: Der Advektionsmechanismus der atmosphärischen Druckschwankungen. Z. Physik Bd. 94 (1935) S. 662.

[182] ERTEL, H., u. S. LI: Die Berechnung der Advektion. Meteorol. Z. 1935 S. 356.

[183] BLÜTHGEN, F.: Studien zur Theorie der Advektion. Veröff. Meteorol. Inst. Univ. Berlin Bd. 2 Heft 3. Berlin 1937.

aus der

$$-\varrho\,\delta z = \frac{1}{\vartheta}\int\limits_0^z \delta(\varrho\,\vartheta)\,dz + \frac{1}{\vartheta}\int\limits_0^z \left\{\frac{\partial(\varrho\,\delta x\,\vartheta)}{\partial x} + \frac{\partial(\varrho\,\delta y\,\vartheta)}{\partial y}\right\}dz$$

folgt, welche Gleichung durch Substitution in (179) mit Rücksicht auf

$$\delta(\varrho\,\vartheta) = \frac{1}{\varkappa R}\,\frac{\vartheta}{T}\,\delta p$$

zu der Gleichung (184) führt. Diese Gleichung stellt also die ROSSBYsche Gleichung (181) mit einem Zusatzterm dar, der gerade die Eigenschaft hat, die zu großen stratosphärischen Advektionsbeträge zu reduzieren, doch bleiben die beiden Maxima von $\left|\dfrac{\partial\,\delta\pi}{\partial z}\right|$ (in der unteren Troposphäre und an der Tropopause), die für die v. FICKERsche Theorie der zusammengesetzten Depressionen beweisend sind, erhalten.

Ein meteorologisch wichtiger Effekt: Änderungen des vertikalen Temperaturgradienten durch quasistatische Vertikalverschiebungen, kann hier unter Hinweis auf die ausführlichen Darstellungen von EXNER[184] und WILH. SCHMIDT[185] nur kurz behandelt werden. MARGULES[186] fand, daß die individuelle Änderung des vertikalen Temperaturgradienten in einer unendlich dünnen Luftschicht unter Berücksichtigung der Änderung des Querschnitts (F) durch

$$d\left\{\frac{\left[\left(\gamma + \dfrac{\partial T}{\partial z}\right)\right]}{p\cdot F}\right\} = 0$$

bestimmt ist, so daß bei einer Verschiebung vom Anfangszustand p, F in den Endzustand p', F' der anfängliche Temperaturgradient $-\dfrac{\partial T}{\partial z}$ in

$$(185)\qquad -\frac{\partial T'}{\partial z} = \gamma - \frac{p'F'}{p\cdot F}\left(\gamma + \frac{\partial T}{\partial z}\right)$$

übergeht. Hebung ($p'/p < 1$) bewirkt demnach Annäherung an den adiabatischen Temperaturgradienten γ, die jedoch abgeschwächt wird, wenn damit Querschnittsvergrößerung ($F'/F > 1$) verbunden ist; Absinken ($p'/p > 1$) unter gleichzeitiger Ausbreitung ($F'/F > 1$) kann zur „Schrumpfungsinversion" führen.

Für die nur für unendlich dünne Schichten geltende MARGULESsche Lösung (185) hat HAURWITZ[187] durch ein Näherungsverfahren folgende Verallgemeinerung für Schichten von endlicher Dicke abgeleitet:

$$(186)\qquad -\frac{\partial T'}{\partial z} = -\frac{\partial T}{\partial z} - \frac{p'-p}{p}\left(\gamma + \frac{\partial T}{\partial z}\right)\cdot\left(1 + \frac{p'}{p}\cdot\frac{g\,z}{RT}\right).$$

---

[184] EXNER, F. M.: Dynam. Meteorologie, 2. Aufl. S. 57ff. 1925.

[185] SCHMIDT, WILH.: Schrumpfen und Strecken in der freien Atmosphäre. Beitr. Physik frei. Atmosph. Bd. 7 (1917) S. 103—149.

[186] MARGULES, M.: Über die Änderung des vertikalen Temperaturgefälles durch Zusammendrückung oder Ausbreitung einer Luftmasse. Meteorol. Z. 1906 S. 241—244.

[187] HAURWITZ, B.: Über die Änderung des Temperaturgradienten in Luftsäulen von endlicher Höhe bei vertikaler Verschiebung. Ann. Hydrogr. 1931 S. 22—25.

Der anfänglich konstante Temperaturgradient ist nunmehr im Endzustand eine lineare Funktion des Abstandes z von der Basisfläche der versetzten Schicht.

§ 7. Stationäre Windfelder.

In der freien Atmosphäre, wo die Reibung eine zu vernachlässigende Rolle spielt, wird die Luftbewegung durch die Gleichungen (73) beschrieben, aus denen folgt, daß im stationären Feld die Horizontalkomponente* der Geschwindigkeit den Isobaren (Schnittkurven der Flächen $p = $ konst. und $z = $ konst.)** dort parallel ist, wo sich der Absolutbetrag $v = \sqrt{v_i^2}$ der Geschwindigkeit längs einer Stromlinie nicht ändert. Es folgt dies aus der durch Multiplikation von (73) mit v_i unter Beachtung der Summationskonvention und der Antimetrie der ω_{ki} resultierenden Gleichung

$$v \frac{dv}{dt} = v_k \frac{\partial}{\partial x_k}\left(\frac{v^2}{2}\right) = -\left(\frac{\partial \Phi}{\partial x_i} + \frac{1}{\varrho}\frac{\partial p}{\partial x_i}\right)v_i$$

mit Rücksicht auf die weitgehende Geltung der statischen Grundgleichung[188] $0 = \frac{\partial \Phi}{\partial x_3} + \frac{1}{\varrho}\frac{\partial p}{\partial x_3}$; es ist dann in den Punkten, wo $\frac{dv}{dt} = v_k \frac{\partial v}{\partial x_k} = 0$:

$$(187) \qquad\qquad \frac{\partial p}{\partial x_j} \cdot v_j = 0, \qquad\qquad (j = 1, 2)$$

d. h. der Wind (genauer: seine Horizontalkomponente) weht parallel den Isobaren, und zwar derart, daß auf der Nordhemisphäre (Südhemisphäre) beim Blick in Richtung des Windes der tiefe Druck zur Linken (Rechten) liegt.

Bei geradliniger, stationärer und horizontaler Bewegung lauten die Gleichungen des „geostrophischen Windes" (vgl. S. 34):

$$(188) \qquad\qquad 2\omega_{ki}v_k = -\frac{1}{\varrho}\frac{\partial p}{\partial x_i}, \qquad\qquad (i, k = 1, 2)$$

während sich bei gekrümmten Stromlinien die Einführung krummliniger orthogonaler Koordinaten empfiehlt, so daß sich die entsprechenden allgemeinen Bewegungsgleichungen aus (75) durch $\partial v_i/\partial t = 0$ ergeben. Es hat die Verwendung krummliniger orthogonaler Koordinaten den Vorteil, daß durch passende Wahl des Koordinatensystems das Verschwinden einer oder zweier der Geschwindigkeitskomponenten im ganzen Stromfeld erreicht werden kann, sofern dieses vorgegeben ist;

---

* „Horizontal" sei durch $\partial \Phi/\partial x_1 = \partial \Phi/\partial x_2 = 0$ definiert.

** Genauer den „dynamischen Isohypsen" (Schnittkurven der Flächen $p = $ konst. und $\Phi = $ konst.).

[188] Vgl. hierzu Lit.-Nachweis Nr. 163 (HESSELBERG u. FRIEDMANN) sowie S. FUJIWHARA: On the preponderance on horizontal motion in the earth's atmosphere. Beitr. Physik frei. Atmosph. Bd. 19 (1932) S. 1—6.

bilden z. B. die Stromlinien die orthogonalen Trajektorien der Koordinatenflächen $x_1 =$ konst., so verschwinden v_2 und v_3. Im Falle der Existenz eines Geschwindigkeitspotentials G (vgl. S. 27) sind dabei die Flächen $x_1 =$ konst. zugleich Äquiskalarflächen von G.

Durch Spezialisierung auf stationäre Strömungen längs horizontaler Stromlinien (x_1) mit dem Krümmungsradius r folgt aus (75):

$$(189) \qquad v_1 \frac{\partial v_1}{\partial x_1} = -\frac{1}{\varrho} \frac{\partial p}{\partial x_1},$$

$$(190) \qquad \pm \frac{v_1^2}{r} + 2\omega_{12} v_1 = -\frac{1}{\varrho} \frac{\partial p}{\partial x_2} \,^*,$$

wobei $\partial/\partial x_2 = \partial/\partial r$ und $v_2 = v_3 = 0$, da dx_1 ein Stromlinienelement ist. Wieder ergibt sich aus (189) die Koinzidenz von Stromlinien und Isobaren $(\partial p/\partial x_1 = 0)$ an den Punkten des Stromfeldes, wo sich der Absolutbetrag der Geschwindigkeit $(|v| = v_1)$ längs der Stromlinie nicht ändert $(\partial v_1/\partial x_1 = 0)$. Der Richtungssinn der Strömung folgt aus den Darlegungen S. 89, so daß ein von geschlossenen Isobaren gebildetes Hochdruckgebiet („barometrisches Maximum", „Antizyklone") auf der Nordhemisphäre im Uhrzeigersinne, ein Tiefdruckgebiet („barometrisches Minimum", „Zyklone") im entgegengesetzten Sinne umkreist wird. Das Vorzeichen der Zentrifugalbeschleunigung v_1^2/r in (190) ist im ersten Falle positiv, im zweiten negativ. Bezüglich der Kräftepläne des durch (190) dargestellten „geostrophisch-zyklostrophischen Windes" (SHAW[189]) sowie des geostrophischen Windes (188) kann auf die Lehrbücher der dynamischen Meteorologie verwiesen werden.

In den bodennahen Schichten, unterhalb einer „Gradientwindhöhe" D** werden die Strömungsverhältnisse durch die Reibung wesentlich modifiziert; auch unter den Voraussetzungen $\partial v_1/\partial t = 0$, $v_1 \frac{\partial v_1}{\partial x_1} = 0$, weht der Wind hier nicht mehr den Isobaren parallel, sondern er bildet mit der Richtung des oberhalb D wehenden, durch (188) bzw. (190) gegebenen „Gradientwindes" einen Winkel $< \pi/2$, und bei mit zunehmender Höhe wachsender Geschwindigkeit konvergiert der Wind unter Rechtsdrehung (Nordhemisphäre) gegen den Gradientwind.

Die durch den GULDBERG-MOHNschen Reibungsansatz $R_i = -k v_i$ (worin k einen von der Natur der Bodenunterlage abhängenden Faktor von der Größenordnung $10^{-5}\,\mathrm{sec}^{-1}$ bedeutet) erweiterten Gleichungen (188) haben nur noch historische Bedeutung, da SANDSTRÖM[190]

---

* $\omega_{12} = w_3 = w_z = \omega \cdot \sin\varphi$; vgl. S. 28.

[189] SHAW, N.: Manual of Meteorology, Bd. 4, 2. Aufl. S. 82. Cambridge 1931. $2\omega_{12} \cdot v_1$ heißt in SHAWs Terminologie „geostrophischer Term", $\pm v_1^2/r$ „zyklostrophischer Term".

** Magn. $D = 10^2$ bis 10^3 m, je nach der Bodenunterlage.

[190] SANDSTRÖM, J. W.: Über die Beziehung zwischen Luftdruck und Wind. Kgl. Svensk. Vetensk. Akad. Handl. Bd. 45 Nr. 10. Uppsala u. Stockholm 1910 — On the relation between atmospheric pressure and wind. Bull. Mt. Weather Obs., Washington Bd. 3 (1911) S. 275—303.

nachwies, daß die Reibungskraft gar nicht der Geschwindigkeit entgegengesetzt gerichtet ist, sondern mit der Richtung v einen stumpfen Winkel $\pi - \alpha$ (positiv im Uhrzeigersinne von oben gesehen; Nordhemisphäre) einschließt. Die dieser Erfahrungstatsache Rechnung tragenden Gleichungen von HESSELBERG und SVERDRUP[191]

$$(191) \qquad \frac{dv_i}{dt} + \Omega_{ki} v_k = - \frac{1}{\varrho} \frac{\partial p}{\partial x_i}, \qquad\qquad (i, k = 1, 2)$$

mit dem jetzt nicht mehr antimetrischen Tensor

$$\Omega_{ki} = \begin{array}{c} \xrightarrow{\quad k} \\ {}^{\textstyle i} \end{array} \begin{array}{ll} k\cos\alpha, & -(2\omega\sin\varphi + k\sin\alpha), \\ +(2\omega\sin\varphi + k\sin\varphi), & k\cos\alpha, \end{array}$$

bilden die geeignete Grundlage zur Behandlung der Strömungen mit Reibung in einem bestimmten Niveau; sie erlauben natürlich keine Aussagen über die Windänderungen mit der Höhe, deren theoretische Behandlung erst die Gleichungen des stationären und beschleunigungsfreien „geostrophisch-antitriptischen Windfeldes"

$$(192) \quad 2\omega_{ki} v_k = - \frac{1}{\varrho} \frac{\partial p}{\partial x_i} + \frac{1}{\varrho} \frac{\partial}{\partial x_k}\left(\eta_{jk} \frac{\partial v_i}{\partial x_j}\right), \quad (i=1,2; \; j, k=1,2,3; \; v_3=0)$$

(vgl. S. 32) ermöglichen. Der Spezialfall alleiniger z-Abhängigkeit aller Größen:

$$(193) \quad \begin{cases} -2\omega\sin\varphi \cdot \varrho\, v_y = - \dfrac{\partial p}{\partial x} + \dfrac{\partial}{\partial z}\left(\eta \dfrac{\partial v_x}{\partial z}\right), \\[2ex] +2\omega\sin\varphi \cdot \varrho\, v_x = - \dfrac{\partial p}{\partial y} + \dfrac{\partial}{\partial z}\left(\eta \dfrac{\partial v_y}{\partial z}\right), \end{cases}$$

mit der unter den Vereinfachungen $\partial p/\partial x$, $\partial p/\partial y$, $\eta \,(= \eta_{zz})$ und ϱ unabhängig von z^* und den Grenzbedingungen $v_x(0) = v_y(0) = 0$ für $z \to \infty$ endlichen Lösung[192]

$$(194) \quad \begin{cases} v_x = - \dfrac{1}{2\omega\sin\varphi \cdot \varrho} \cdot \dfrac{\partial p}{\partial y}\left\{1 - \exp\left(- \dfrac{\pi z}{D}\right) \cdot \cos\left(\dfrac{\pi z}{D}\right)\right\}, \\[2ex] v_y = - \dfrac{1}{2\omega\sin\varphi \cdot \varrho} \cdot \dfrac{\partial p}{\partial y} \cdot \exp\left(- \dfrac{\pi z}{D}\right) \cdot \sin\left(\dfrac{\pi z}{D}\right), \end{cases}$$

[191] HESSELBERG, TH., u. H. U. SVERDRUP: Die Reibung in der Atmosphäre. Veröff. geophys. Inst. Leipzig, 2. Ser. Nr. 10 (1915). — SVERDRUP, H. U.: Druckgradient, Wind und Reibung an der Erdoberfläche. Ann. Hydrogr. 1916 S. 413 bis 427.

* Das Koordinatensystem kann dann z. B. nach $\partial p/\partial x = 0$ orientiert werden.

[192] Die Übertragung der zuerst von EKMAN für Triftströme in einem Ozean unendlicher Tiefe gefundenen Lösung (andere Grenzbedingungen) auf die Atmosphäre erfolgte durch F. ÅKERBLOM [Recherches sur les courants les plus bas de l'atmosphère au-dessus de Paris. Nova Acta Soc. Sci. Uppsal. Bd. 2 (1908) Nr. 2] und F. M. EXNER (Zur Kenntnis der untersten Winde über Land und Wasser und der durch sie erzeugten Meeresströmungen. Ann. Hydrogr. 1912 S. 226—239). — Vgl. auch G. J. TAYLOR: Eddy-motion in the atmosphere. Philos. Trans. Roy. Soc. London A Bd. 215 (1915) S. 1—26. — LAMB, H.: Lehrb. d. Hydrodynamik, 2. Aufl. der deutschen Ausg. S. 759f. Berlin 1931. — EXNER, F. M.: Dynam. Meteorol., 2. Aufl. S. 119. Wien 1925. — KOSCHMIEDER, H.: Dynam. Meteorol. S. 261ff. Leipzig 1933.

ergibt bereits das Wesentliche, nämlich Rechtsdrehung des Windes (Nordhemisphäre) und Zunahme des Absolutbetrages der Geschwindigkeit mit der Höhe; der „Gradientwind" $\bar{v}_x = - \dfrac{1}{2\,\omega \sin\varphi \cdot \varrho} \cdot \dfrac{\partial p}{\partial y}$, $\bar{v}_y = 0$ wird praktisch in der Gradientwindhöhe (nach EKMAN auch „Reibungs-

$$D = \pi \sqrt{\frac{\eta}{\omega \sin\varphi\varrho}}$$

höhe") erreicht, wo $(v_x - \bar{v}_x)/\bar{v}_x = e^{-\pi} = {}^1/_{23}$ innerhalb der Grenzen der Messungsgenauigkeit liegt. Durch die Strömung des geostrophisch-

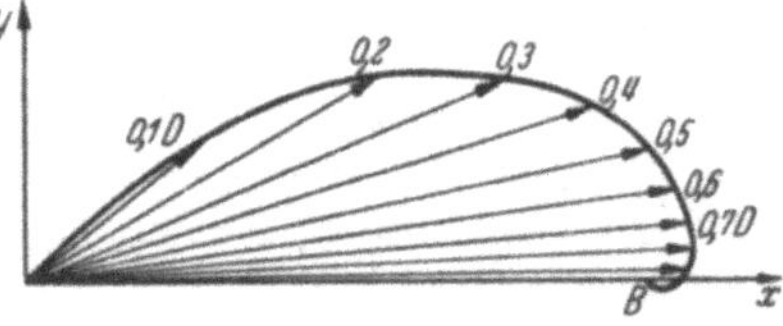

Abb. 10. Die einfache EKMAN-Spirale.

antitriptischen Windfeldes werden die zu einer Zeit in einer Vertikalen liegenden Luftteilchen in eine dreidimensionale logarithmische Spirale überführt; die Endpunkte der auf die Horizontalebene projizierten Geschwindigkeitsvektoren liegen auf einer ebenen logarithmischen Spirale (vgl. Abb. 10)[193].

Die Theorie führt nun zu der Folgerung, daß in Bodennähe der Wind mit dem Druckgradienten einen Winkel von $45°$ einschließen muß, denn aus (194) folgt: $\lim\limits_{z \to 0} \dfrac{v_y}{v_x} = 1$. Dies steht nicht im Einklang mit den Beobachtungen, die größere Ablenkungswinkel ergeben. Auch die von PRANDTL und TOLLMIEN[194] durchgeführte Berechnung der Windverteilung im geostrophisch-antitriptischen Windfeld in Bodennähe aus den Gesetzen der Rohrströmung, mit denen eine befriedigende Anpassung an die beobachtete Geschwindigkeitsverteilung erreichbar ist, versagt hinsichtlich des Ablenkungswinkels. In der oben skizzierten Theorie ist als Ursache der Diskrepanz offenbar die Vereinfachung $\eta =$ konst. anzunehmen[195], die den tatsächlichen Verhältnissen zu wenig gerecht wird. Eine bodennahe Schicht von der Höhe h (magn h $= 10°$ bis 10^1 m) nimmt ja eine Sonderstellung dadurch ein, daß in dieser Schicht η außerordentlich rasch anwächst; es ist dies auch die Schicht des großen bodennahen Geschwindigkeitsgradienten (bei unmerklicher Winddrehung). Oberhalb h ist die Variabilität von η mit der Höhe z schwächer, die Vereinfachung $\eta =$ konst. also zutreffender. Beschränkt man daher die mit $\eta =$ konst. gewonnenen Lösungen der Gleichung (193) auf das Intervall (h, ∞) und ergänzt die durch die

---

[193] Bezüglich des zugehörigen Kräfteplans vgl. z. B. F. J. W. WHIPPLE: The laws of approach to the geostrophic wind. Quart. J. Roy. Met. Soc. London 1920 S. 39—53.

[194] PRANDTL, L., u. W. TOLLMIEN: Die Windverteilung über dem Erdboden, errechnet aus den Gesetzen der Rohrströmung. Z. Geophys. 1924/25 S. 47—55.

[195] BRUNT, D.: Internal friction in the atmosphere. Quart. J. Roy. Met. Soc. London 1920 S. 175—185.

,,EKMAN-Spirale" in diesem Gebiet gegebene Windverteilung in der bodennahen ,,Haut-Schicht" (,,skin-layer") h durch eine nahezu gerade Linie (*OA* in Abb. 11) entsprechend der unmerklichen Winddrehung in dieser Schicht bei großem vertikalen Geschwindigkeitsgradienten, so kann man, wie EKMAN[196] zeigte, befriedigende Übereinstimmung mit dem beobachteten Ablenkungswinkel erhalten, wenn $h \approx 10^{-2} D$ angenommen wird. Da D etwa 100 m über Ozeanen und 500 bis 1000 m über Kontinenten beträgt, muß der Hautschicht die Dicke 1 bis 10 m zukommen.

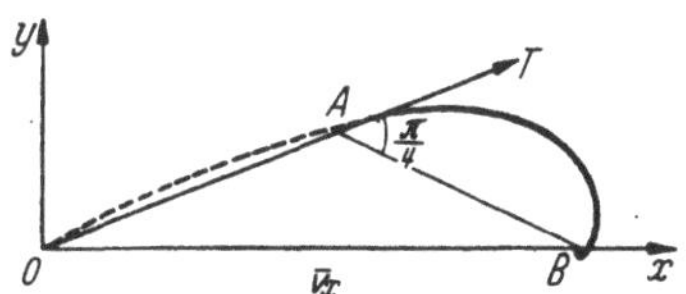

Abb. 11. Die erweiterte EKMAN-Spirale.

THORADE gebraucht statt ,,Hautschicht" den hydrodynamisch üblichen Begriff ,,Grenzschicht"; es ist jedoch zu beachten, daß EKMANS ,,skin-layer" zunächst keine Grenzschicht im Sinne PRANDTLS darstellt, da ja auch in der Hautschicht turbulente Strömung herrscht, während hinsichtlich des großen Geschwindigkeitsgradienten der Ausdruck ,,Grenzschicht" allerdings ganz berechtigt ist. Berücksichtigt man jedoch, daß die Turbulenz in der ,,Hautschicht", wo sie durch die Rauhigkeiten der Bodenunterlage ,,erzwungen" wird, offenbar ganz anderer Natur ist als die ,,freie" Turbulenz der höheren Schichten des geostrophisch-antitriptischen Windfeldes, so erscheint die ,,skin-layer" auch in hydrodynamischem Sinne als echte ,,Grenzschicht". An Hand der kinematischen Windstrukturaufnahmen von SCRASE[197] in 1,5 m und 19 m Höhe zeigte MÖLLER[198], daß in 19 m Höhe die ,,freie" Turbulenz herrscht. Nur bei der freien Turbulenz existiert jene stramme Korrelation zwischen den turbulenten Zusatzkomponenten der Horizontal- und Vertikalkomponente der Geschwindigkeit, auf die sich die Theorie des Austausches stützt (vgl. S. 31); bei der erzwungenen Turbulenz fehlt diese Korrelation, wie MÖLLER (a. a. O.) zeigte, völlig, weswegen bei der Anwendung der Austauschtheorie auf die Berechnung des Impulsaustausches in der Grenzschicht Vorsicht geboten ist.

Es kann natürlich nicht erwartet werden, daß die unter den auf S. 91 aufgezählten Vereinfachungen gewonnenen Lösungen (194) der Gleichungen (193) die beobachtete Windverteilung völlig befriedigend darstellen. Nach Ansicht japanischer Forscher (FUJIWHARA, SAKAKIBARA) soll dies auch darin begründet sein, daß der Reibungsterm in (193) durch ein ,,transversales Reibungsglied" erweitert werden muß,

[196] EKMAN, V. W.: Eddy-viscosity and skin-friction in the dynamics of winds and ocean-currents. Mem. Roy. Meterorol. Soc. London 1928 Nr. 20. — Vgl. hierzu H. THORADE: Grenzschichten im Luft- und Weltmeere. Ann. Hydrogr. 1929 S. 113—115. — SEILKOPF, H.: Beiträge zur Kenntnis der atmosphärischen Grenzschicht. Z. Flugtechn. Motorluftsch. 1929 S. 375—379.

[197] Vgl. Lit.-Nachweis Nr. 48.

[198] MÖLLER, F.: Freie und erzwungene Turbulenz. Beitr. Physik frei. Atmosph. Bd. 20 (1933) S. 79—83.

so daß die entsprechenden Gleichungen lauten[199]:

$$(195) \quad \begin{cases} -2\omega\sin\varphi \cdot \varrho v_y = -\dfrac{\partial p}{\partial x} + \dfrac{\partial}{\partial z}\left(\eta\dfrac{\partial v_x}{\partial z}\right) + \dfrac{\partial}{\partial z}\left(\nu\dfrac{\partial v_y}{\partial z}\right), \\[2ex] +2\omega\sin\varphi \cdot \varrho v_x = -\dfrac{\partial p}{\partial y} + \dfrac{\partial}{\partial z}\left(\eta\dfrac{\partial v_y}{\partial z}\right) - \dfrac{\partial}{\partial z}\left(\nu\dfrac{\partial v_x}{\partial z}\right), \end{cases}$$

worin ν den „Koeffizienten der transversalen Reibung" bedeutet. Integrationen dieser Gleichungen unter verschiedenen Annahmen über die Variabilität der Koeffizienten $\eta(z)$, $\nu(z)$ hat SAKAKIBARA (a. a. O.) durchgeführt. Zwar ließ sich selbst für den einfachen Fall η und $\nu =$ konst. eine bessere Annäherung an die beobachtete Windverteilung erreichen als durch die Gleichung (193), allein es fehlt der Nachweis, inwieweit dies nicht einfach daran liegt, daß nunmehr zwei Konstanten zwecks Angleichung an die Beobachtungen zur Verfügung stehen. Auf Grund der üblichen Ansätze der Turbulenztheorie (vgl. S. 32) läßt sich der transversale Reibungsstrom physikalisch nicht begründen; auch die verallgemeinerte Form (87) des Reibungsterms gestattet die Deduktion der transversalen Reibung nicht, zu deren Begründung man nach WATANABE[200] vielmehr von der Vorstellung ausgehen muß, daß jedes Volumenelement $d\tau$ einer strömenden zähen Flüssigkeit eine große Anzahl (n) rotierender Elementarteilchen enthält, deren Drehimpuls $H_i(n)$ ein „mikrogyrostatisches" Vektorfeld $N_i\, d\tau = \sum n H_i(n)$ bildet, für das verallgemeinerte hydrodynamische Bewegungsgleichungen gelten, die den transversalen Reibungsterm als Spezialfall $\dfrac{\partial N_i}{\partial x} = \dfrac{\partial N_i}{\partial y} = 0$ und $\tfrac{1}{4}N_3 = \tfrac{1}{4}N_z = \nu$ ergeben[201].

Auch ohne Berücksichtigung der transversalen Reibung hat man mehrfach versucht, die Übereinstimmung mit der beobachteten Windverteilung unterhalb der Gradientwindhöhe durch Fallenlassen der einschränkenden Annahmen $\eta =$ konst., $\varrho =$ konst., $\partial p/\partial x$ und $\partial p/\partial y$ $=$ konst. bei der Integration der Gleichungen (147) zu verbessern (SOLBERG, MILCH, TAKAYA, HESSELBERG und SVERDRUP, FJELDSTAD). So haben z. B. HESSELBERG und SVERDRUP[202] die Integrale der Glei-

[199] SAKAKIBARA, S.: On the transverse eddy resistance acting on moving air in the lower atmosphere. Geophys. Mag. Bd. 1 (1927) S. 130—149; Bd. 2 (1930) S. 139—156. — ISIMARU, Y.: On the motion of air near the earth's surface. Ebenda Bd. 2 (1930) S. 91—106.

[200] WATANABE, S.: The equation of motion of a viscous fluid accompanied by "microgyrostatic field". Geophys. Mag. Bd. 5 (1932) S. 173—181.

[201] Über die Möglichkeit einer Ableitung der transversalen Reibung auf Grund einer erweiterten tensoriellen Theorie der Turbulenzreibung vgl. S. OOMA: The fundamental equations of motion in anisotropic turbulent flow. J. Meteorol. Soc. Jap. II Bd. 15 (1937) S. 226—234.

[202] HESSELBERG, TH., u. H. U. SVERDRUP: Die Reibung in der Atmosphäre. Veröff. geophys. Inst. Leipzig, 2. Ser. Bd. 1 S. 241—309. — Die Lösungen (196) sind in H. U. SVERDRUP (Der nordatlantische Passat. Ebenda Bd. 2 S. 1—96) auf S. 76 mitgeteilt.

chung (193) diskutiert, die sich unter der Annahme einer Potenzreihenentwicklung der Komponenten des Druckgradienten ergeben $\left(\mu = \sqrt{\dfrac{\varrho\,\lambda}{2\,\eta}} = \text{konst.}\right)$:

$$
(196)
\begin{cases}
v_x = -A e^{\mu z} \cdot \sin(\gamma+\mu z) + B e^{-\mu z} \cdot \sin(\beta-\mu z) \\[2mm]
\quad + \dfrac{1}{\lambda}\Bigg\{ \sum_0^\infty n_\nu z^\nu - \dfrac{\eta}{\lambda\varrho} \sum_0^\infty (\nu+1)(\nu+2) m_{\nu+2} z^\nu - \left(\dfrac{\eta}{\lambda\varrho}\right)^2 \sum_0^\infty (\nu+1)\cdots(\nu+4) n_{\nu+4} z^\nu \\[3mm]
\qquad + \left(\dfrac{\eta}{\lambda\varrho}\right)^3 \sum_0^\infty (\nu+1)\cdots(\nu+6) m_{\nu+6} z^\nu + \left(\dfrac{\eta}{\lambda\varrho}\right)^4 \sum_0^\infty (\nu+1)\cdots(\nu+8) n_{\nu+8} z^\nu - \cdots \Bigg\}, \\[4mm]
v_y = +A e^{\mu z} \cdot \cos(\gamma+\mu z) - B e^{-\mu z} \cdot \cos(\beta-\mu z) \\[2mm]
\quad + \dfrac{1}{\lambda}\Bigg\{ \sum_0^\infty m_\nu z^\nu - \dfrac{\eta}{\lambda\varrho} \sum_0^\infty (\nu+1)(\nu+2) n_{\nu+2} z^\nu + \left(\dfrac{\eta}{\lambda\varrho}\right)^2 \sum_0^\infty (\nu+1)\cdots(\nu+4) m_{\nu+4} z^\nu \\[3mm]
\qquad + \left(\dfrac{\eta}{\lambda\varrho}\right)^3 \sum_0^\infty (\nu+1)\cdots(\nu+6) n_{\nu+6} z^\nu - \left(\dfrac{\eta}{\lambda\varrho}\right)^4 \sum_0^\infty (\nu+1)\cdots(\nu+8) m_{\nu+8} z^\nu - \cdots \Bigg\}
\end{cases}
$$

sind die Lösungen der Gleichungen $(\lambda = 2\,\omega \sin\varphi)$

$$
(197)
\begin{cases}
\dfrac{\eta}{\varrho}\,\dfrac{d^2 v_x}{d z^2} + \lambda\, v_y = -\sum_0^\infty m_\nu z^\nu, \\[4mm]
\dfrac{\eta}{\varrho}\,\dfrac{d^2 v_y}{d z^2} - \lambda\, v_x = -\sum_0^\infty n_\nu z^\nu.
\end{cases}
$$

Von MOLLOW[203] wurde die durch die Veränderung des Druckgradienten modifizierte Wirkungsweise der Reibung in ihrer Beziehung zu den Problemen der Zyklonendynamik näher untersucht.

Berücksichtigung der z-Abhängigkeit des Turbulenzfaktors etwa in der Form $\eta(z) = \eta(1) \cdot z^{\frac{n}{n+1}}$ (WILH. SCHMIDT) oder $\eta(z) = \eta(0) e^{\pm \sigma z}$, $\eta(z) = \eta(0)(1 \pm \sigma z)$ (TAKAYA[204]) führt auf BESSELsche Zylinderfunktionen komplexen Arguments.

In sehr allgemeiner Weise (auch unter Berücksichtigung des nichtstationären Vorgangs) hat FJELDSTAD[205] das vorliegende Problem mit Hilfe der Theorie der Integralgleichungen behandelt. Wir erläutern hier kurz diese Methode für den stationären Fall und der Vereinfachung:

[203] MOLLWO, H.: Zur Wirkungsweise der Reibung in der freien Atmosphäre. Beitr. Physik frei. Atmosph. Bd. 22 (1934) S. 25—45.

[204] TAKAYA, S.: On the coefficient of eddy viscosity in the lower atmosphere. Mem. Imp. Marine Obs., Kobe Bd. 4 S. 1—34.

[205] FJELDSTAD, J. E.: Ein Problem aus der Windstromtheorie. Z. angew. Math. Mech. Bd. 10 (1930) S. 121—137.

Dichte und Druckgradient = konst., dagegen $\eta(z)$ = beliebige (reziprok integrable) Funktion von z. Unter $\Delta v_x + i\,\Delta v_y = w$ den komplexen Vektor der Abweichung des Windes vom Gradientwind verstanden, wird mit der Abkürzung $\lambda = 2\omega \sin\varphi \cdot \varrho$ das Gleichungssystem (193) gleichbedeutend mit

$$(198) \qquad \frac{d}{dz}\left[\eta(z)\frac{dw}{dz}\right] = i\lambda w,$$

aus welcher Gleichung sich durch zweimalige Integration unter Berücksichtigung der Grenzbedingung $\lim\limits_{z\to\infty}\left(\dfrac{dw}{dz}\right) = 0$ die inhomogene Integralgleichung zweiter Art

$$(199) \qquad w(z) = w(0) - i\lambda\int_0^\infty K(z,\zeta)\,w(\zeta)\,d\zeta$$

mit dem symmetrischen Kern

$$(200) \qquad K(z,\zeta) = \begin{cases} \displaystyle\int_0^\zeta \frac{d\xi}{\eta(\xi)}, & \zeta \leqq z, \\[2ex] \displaystyle\int_0^z \frac{d\xi}{\eta(\xi)}, & \zeta \geqq z. \end{cases}$$

ergibt[206]. Die Lösung von (199) ist dann durch

$$(201) \qquad w(z) = w(0)\left\{1 - i\lambda\sum_n^\infty \frac{c_n\,\psi_n(z)}{\lambda_n + i\lambda}\right\}$$

gegeben, worin λ_n und ψ_n die Eigenwerte und die (auf 1 normierten) Eigenfunktionen des Kerns (200) darstellen, die der homogenen Integralgleichung

$$(202) \qquad \psi_n(z) = \lambda_n\int_0^\infty K(z,\zeta)\,\psi_n(\zeta)\,d\zeta$$

genügen[*], während die c_n die Koeffizienten der Fourierentwicklung $\sum\limits_1^\infty c_n\psi_n(\zeta) = 1$ bedeuten. Der allgemeine Fall, bei dem auch Dichte und Druckgradient als Funktionen von z betrachtet werden, läßt sich analog behandeln, indem dann (mit $v = v_x + iv_y$, $\lambda = 2\omega\sin\varphi$, $G = \dfrac{\partial p}{\partial x} + i\dfrac{\partial p}{\partial y}$) an Stelle von (199) die Integralgleichung

$$(203) \qquad \sqrt{\varrho(z)}\cdot v(z) = S(z) - i\lambda\int_0^\infty K(z,\zeta)\sqrt{\varrho(\zeta)}\,v(\zeta)\,d\zeta$$

---

[206] ERTEL, H.: Die Geschwindigkeitsverteilung im stationären geostrophisch-antitriptischen Windfeld und im stationären Triftstrom bei variablem Turbulenzkoeffizienten als Eigenwertproblem. Ann. Hydrogr. Bd. 62 (1934) S. 35—36.

[*] In der Theorie der Integralgleichungen wird bewiesen, daß die Eigenwerte λ_n eines reellen symmetrischen Kerns auch stets reell sind.

mit dem symmetrischen Kern

$$(204) \qquad K(z, \zeta) = \begin{cases} \sqrt{\varrho(z)\,\varrho(\zeta)} \displaystyle\int_0^\zeta \frac{d\xi}{\eta(\xi)}, & \zeta \leqq z \\[3ex] \sqrt{\varrho(z)\,\varrho(\zeta)} \displaystyle\int_0^z \frac{d\xi}{\eta(\xi)} & \zeta \geqq z \end{cases}$$

und der Störungsfunktion

$$S(z) = \sqrt{\varrho(z)} \left\{ v(0) - \int_0^z \frac{d\xi}{\eta(\xi)} \int_0^\xi G(\zeta)\,d\zeta \right\}$$

in bekannter Weise zu lösen ist.

Es muß aber schließlich noch darauf hingewiesen werden, daß die (sog. PRANDTLschen) Formeln

$$(205) \qquad R_x = \frac{\partial}{\partial z}\left(\eta\,\frac{\partial v_x}{\partial z}\right), \qquad R_y = \frac{\partial}{\partial z}\left(\eta\,\frac{\partial v_y}{\partial z}\right)$$

für die Turbulenzreibung durchaus noch nicht gesichert erscheinen. Den vorstehenden Gleichungen, deren Ableitung die Annahme der „Impulsübertragung" zugrunde liegt, stehen die TAYLORschen Ausdrücke

$$(206) \qquad R_x = \eta(z)\,\frac{\partial^2 v_x}{\partial z^2}, \qquad R_y = \eta(z)\,\frac{\partial^2 v_y}{\partial z^2}$$

gegenüber, die auf Grund der Vorstellung einer „Wirbelübertragung" (Zirkulation pro Flächeneinheit; vorticity) abgeleitet werden können[207]. Ein experimenteller Entscheid über die Richtigkeit eines der Ansätze (205) bzw. (206) hat sich bisher noch nicht beibringen lassen. Zwar glaubte SAKURABA[208] zeigen zu können, daß gewisse Beobachtungen durch die TAYLORschen Ausdrücke richtiger dargestellt werden können, jedoch konnte ein allgemeiner Beweis dafür noch nicht erbracht werden. Die tensorielle Theorie der Turbulenz[209] enthält übrigens die beiden Formen (205) und (206) als Spezialfälle, indem aus ihren Reibungstermen

$$(207) \qquad \begin{cases} R_x = \eta_{zz}\dfrac{\partial^2 v_x}{\partial z^2} + \left(\dfrac{\partial \eta_{xz}}{\partial x} + \dfrac{\partial \eta_{yz}}{\partial y} + \dfrac{\partial \eta_{zz}}{\partial z}\right)\dfrac{\partial v_x}{\partial z}, \\[3ex] R_y = \eta_{zz}\dfrac{\partial^2 v_y}{\partial z^2} + \left(\dfrac{\partial \eta_{xz}}{\partial x} + \dfrac{\partial \eta_{yz}}{\partial y} + \dfrac{\partial \eta_{zz}}{\partial z}\right)\dfrac{\partial v_y}{\partial z} \end{cases}$$

für

$$(208) \qquad \frac{\partial \eta_{xz}}{\partial x} + \frac{\partial \eta_{yz}}{\partial y} = 0$$

<hr>

[207] BRUNT, D.: Physical and Dynamical Meteorology. S. 227. Cambridge 1934.

[208] SAKURABA, S.: Turbulent motion in the atmosphere. II. Geophys. Mag. Bd. 9 S. 11—21. Tokyo 1935 — vgl. auch D. BRUNT: a. a. O. S. 231.

[209] ERTEL, H.: Tensorielle Theorie der Turbulenz. Ann. Hydrogr. 1937 S. 193 bis 205.

die PRANDTLsche und für

$$(209) \qquad \frac{\partial \eta_{xz}}{\partial x} + \frac{\partial \eta_{yz}}{\partial y} + \frac{\partial \eta_{zz}}{\partial z} = 0$$

die TAYLORsche Form resultiert, also je nachdem, ob nur die horizontale Divergenz (208) oder die totale Divergenz (209) des Vektors (η_{xz}, η_{yz}, η_{zz}) verschwindet, was bestimmten Bedingungen über die Umorientierung der Austauschellipsoide im turbulenten Strömungsfeld entspricht, die jedoch einer experimentellen Nachprüfung zur Zeit ebenfalls unzugänglich sind.

Bemerkenswert sind auch noch die von HESSELBERG[210] abgeleiteten Ausdrücke für die Turbulenzreibung, nämlich

$$(210) \qquad R_x = -2 \frac{\partial \overset{*}{\eta}}{\partial x} + \frac{\partial}{\partial y}\left(\eta \frac{\partial v_x}{\partial y}\right) + \frac{\partial}{\partial z}\left(\eta \frac{\partial v_x}{\partial z}\right)$$

(entsprechend für die y- und z-Komponente), worin $\overset{*}{\eta}$ den dritten Teil der Turbulenzenergie bedeutet, und die HESSELBERG später in

$$(211) \qquad R_x = -2 \frac{\partial \overset{*}{\eta}_x}{\partial x} + \frac{\partial}{\partial y}\left(\eta_y \frac{\partial v_x}{\partial y}\right) + \frac{\partial}{\partial z}\left(\eta_z \frac{\partial v_x}{\partial z}\right), \ldots, \ldots$$

verallgemeinert hat[211], worin $\overset{*}{\eta}_x$ den von der x-Komponente der turbulenten Zusatzkomponenten herrührenden Anteil der Turbulenzenergie bedeutet, während η_y, η_z Austauschkoeffizienten darstellen, die den Impulstransporten in der y- bzw. z-Richtung zuzuordnen sind.

Es dürften übrigens die Versuche, die Übereinstimmung zwischen Theorie und Beobachtung durch Annahme einer passenden z-Abhängigkeit des Turbulenzkoeffizienten η zu verbessern, künftig an Interesse verlieren, seit HAURWITZ gezeigt hat[212], daß die bisher vernachlässigte Bahnkrümmung eine Modifikation der bisherigen Lösungen von gleicher Größenordnung der Differenzen zwischen den bisherigen Theorien und den Beobachtungen bedingt. Aus den auf Zylinderkoordinaten ($r =$ Abstand von der Zylinderachse, $\vartheta =$ Azimut, $z =$ Höhe) transformierten stationären Bewegungsgleichungen in axial-symmetrischer Form

$$(212) \qquad \begin{cases} v_r \dfrac{\partial v_r}{\partial r} - \dfrac{v_\vartheta^2}{r} - 2\omega \sin\varphi \, r_\vartheta = -\dfrac{1}{\varrho}\dfrac{\partial p}{\partial r} + R_r, \\[3mm] r_r \dfrac{\partial v_\vartheta}{\partial r} + \dfrac{v_r v_\vartheta}{r} + 2\omega \sin\varphi \, v_r = 0 + R_\vartheta, \end{cases}$$

[210] HESSELBERG, TH.: Untersuchungen über die Gesetze der ausgeglichenen atmosphärischen Bewegungen. Geofys. Publ. Oslo Bd. 5 (1928) Nr. 4.

[211] HESSELBERG, TH.: Arbeitsmethoden einer dynamischen Klimatologie. Beitr. Physik frei. Atmosph. Bd. 19 (1932) S. 291—305.

[212] HAURWITZ, B.: On the change of wind with elevation under the influence of viscosity in curved air currents. Gerlands Beitr. Geophys. Bd. 45 (1935) S. 243 bis 267.

inkompressibler zäher Flüssigkeiten mit den Reibungstermen ($\nu = \eta/\varrho$ = konst.)

$$(213) \quad \begin{cases} R_r = \nu \, \Delta v_r = \nu \left(\frac{\partial^2}{\partial r^2} + \frac{1}{r} \frac{\partial}{\partial r} - \frac{1}{r^2} + \frac{\partial^2}{\partial z^2} \right) v_r, \\[2mm] R_\vartheta = \nu \, \Delta v_\vartheta = \nu \left(\frac{\partial^2}{\partial r^2} + \frac{1}{r} \frac{\partial}{\partial r} - \frac{1}{r^2} + \frac{\partial^2}{\partial z^2} \right) v_\vartheta \end{cases}$$

und der Kontinuitätsgleichung

$$(214) \qquad \frac{\partial v_r}{\partial r} + \frac{v_r}{r} + \frac{\partial v_z}{\partial z} = 0$$

leitet HAURWITZ für die komplexe Horizontalgeschwindigkeit $w = v_r + i v_\vartheta$ unter den Annahmen $w = f(z)\, r$ und $\dfrac{\partial p}{\varrho \, \partial r} = \dfrac{k}{\varrho}\, r$ (k = konst.) die komplexe Bewegungsgleichung

$$(215) \qquad \frac{w^2}{r} + i\, 2\omega \sin\varphi\, w = \frac{k}{\varrho}\, r + \nu \frac{\partial^2 w}{\partial z^2}$$

ab, die für

$$(216) \qquad u(\zeta) = \tfrac{1}{6}\left[f(\zeta) + i\,\omega \sin\varphi \right] \qquad\qquad (\zeta = z\sqrt{\nu})$$

die WEIERSTRASSsche Normalform für ein elliptisches Integral erster Gattung

$$(217) \qquad \left(\frac{d u}{d \zeta} \right)^2 = 4 u^3 - g_2 u - g_3$$

mit

$$g_2 = -4\,(e_1 e_2 + e_1 e_3 + e_2 e_3) = - \frac{1}{3}\left(\omega^2 \sin^2\varphi + \frac{k}{\varrho} \right),$$

$$g_3 = 4 e_1 e_2 e_3 = \frac{4}{3}\, i\, \omega^2 \sin^2\varphi + 2\, i\, \frac{k}{\varrho}\, \omega \sin\varphi - c_1,$$

$$0 = e_1 + e_2 + e_3$$

ergibt (c_1 = erste Integrationskonstante; $e_1,\, e_2,\, e_3$ = Wurzeln von $du/d\zeta = 0$). Die durch eine JACOBISche elliptische Funktion (sn) gegebene Lösung

$$(218) \qquad u = e_3 + \frac{(e_1 - e_3)}{\operatorname{sn}^2\left\{ \sqrt{e_1 - e_3}\,(\zeta + c_2) \right\}}$$

(c_2 = zweite Integrationskonstante) erlaubt durch die Forderung einer für wachsendes z beschränkt bleibenden Lösung infolge der dann für $e_2 = e_3 = -e_1/2$ eintretenden Entartung der JACOBISchen sn-Funktion in eine trigonometrische Sinusfunktion die Darstellung:

$$(219) \quad \frac{w}{r} = f(\zeta) = i \sqrt{\omega^2 \sin^2\varphi + \frac{k}{\varrho}} \left\{ 1 - \frac{3}{\sin^2\left[\left(\frac{1-i}{2} \right)^{\!\frac{1}{4}} \sqrt{\omega^2 \sin^2\varphi + \frac{k}{\varrho}}\,(\zeta + c_2) \right]} \right\} - i\,\omega \sin\varphi,$$

und die von HAURWITZ damit durchgerechneten numerischen Beispiele ergeben, daß bei gekrümmten Isobaren mit zyklonaler Strömung der Gradientwind nach Richtung und Größe in weit geringerer Höhe erreicht wird als im Falle geradliniger Isobaren, während bei antizyklo-

7*

naler Strömung die Verhältnisse umgekehrt liegen. Die Unterschiede betragen in den von HAURWITZ mitgeteilten Beispielen bis über 1000 m.

Wir betrachten nun noch abschließend das stationäre Windfeld oberhalb der Reibungshöhe, also in der freien Atmosphäre, wo die Reibung in erster Näherung zu vernachlässigen ist. Aus den dann für geradlinige, unbeschleunigte Strömungen geltenden Gleichungen des Gradientwindfeldes

$$(220) \qquad -\lambda \varrho v_y = -\frac{\partial p}{\partial x}, \qquad +\lambda \varrho v_x = -\frac{\partial p}{\partial y}, \qquad g\varrho = -\frac{\partial p}{\partial z}$$

(Koordinatensystem: x, y, z = Rechtssystem, z positiv aufwärts; $\lambda = 2\omega \sin\varphi$) ergeben sich dann durch Elimination des Druckes wichtige, zuerst von MARGULES[213] abgeleitete Beziehungen über die Windänderung mit der Höhe im Zusammenhang mit dem Temperaturfeld:

$$(221) \qquad \frac{\partial v_x}{\partial z} = v_x \frac{\partial \ln T}{\partial z} - \frac{g}{\lambda} \frac{\partial \ln T}{\partial y}, \qquad \frac{\partial v_y}{\partial z} = v_y \frac{\partial \ln T}{\partial z} + \frac{g}{\lambda} \frac{\partial \ln T}{\partial x},$$

die auch auf folgende Solenoidfeld-Darstellung gebracht werden können:

$$(222) \quad \begin{cases} \dfrac{\partial v_x}{\partial z} = \dfrac{RT}{\lambda}\left(\dfrac{\partial \ln T}{\partial y} \dfrac{\partial \ln p}{\partial z} - \dfrac{\partial \ln T}{\partial z} \dfrac{\partial \ln p}{\partial y}\right) = \dfrac{RT}{\lambda}[\operatorname{grad}(\ln T), \operatorname{grad}(\ln p)]_x, \\[2mm] \dfrac{\partial v_y}{\partial z} = \dfrac{RT}{\lambda}\left(\dfrac{\partial \ln T}{\partial z} \dfrac{\partial \ln p}{\partial x} - \dfrac{\partial \ln T}{\partial x} \dfrac{\partial \ln p}{\partial z}\right) = \dfrac{RT}{\lambda}[\operatorname{grad}(\ln T), \operatorname{grad}(\ln p)]_y, \end{cases}$$

die sofort durch die Gleichung

$$(223) \quad \begin{cases} [\operatorname{grad}(\ln T), \operatorname{grad}(\ln p)] = [\operatorname{grad}(\ln \vartheta), \operatorname{grad}(\ln p)] \\[2mm] \qquad\qquad = \left(\dfrac{\varkappa}{\varkappa - 1}\right)[\operatorname{grad}(\ln \vartheta), \operatorname{grad}(\ln T)] \end{cases}$$

auf die Solenoidfelder von potentieller Temperatur (ϑ) und Druck bzw. Temperatur umgerechnet werden kann.

Für die Änderung von $v^2 = v_x^2 + v_y^2$ mit der Höhe gilt

$$(224) \qquad \frac{\partial}{\partial z}\left(\frac{v^2}{2}\right) = v^2 \frac{\partial \ln T}{\partial z} + \frac{gRT}{\lambda^2}\left(\frac{\partial \ln p}{\partial x} \frac{\partial \ln T}{\partial x} + \frac{\partial \ln p}{\partial y} \frac{\partial \ln T}{\partial y}\right)$$

oder

$$(225) \qquad \frac{\partial}{\partial z}\left(\frac{v}{T}\right)^2 = \frac{2gR}{\lambda^2 T}\left(\frac{\partial \ln p}{\partial x} \frac{\partial \ln T}{\partial x} + \frac{\partial \ln p}{\partial y} \frac{\partial \ln T}{\partial y}\right),$$

während die Winddrehung mit der Höhe durch

$$(226) \quad \frac{\partial \psi}{\partial z} = \frac{gRT}{(\lambda v)^2}\left(\frac{\partial \ln T}{\partial x} \frac{\partial \ln p}{\partial y} - \frac{\partial \ln T}{\partial y} \cdot \frac{\partial \ln p}{\partial x}\right) = \frac{gRT}{(\lambda v)^2}[\operatorname{grad}(\ln T), \operatorname{grad}(\ln p)]_z$$

bestimmt ist, wobei $\psi = \operatorname{arctg}\left(\frac{v_x}{v_y}\right)$. Die Gleichung (226) besagt, daß zur Erhaltung des stationären Zustandes eine in ein kälteres Gebiet gerichtete Strömung mit der Höhe nach rechts $\left(\frac{\partial \psi}{\partial z} > 0\right)$, eine in ein

[213] MARGULES, M.: Über Temperaturschichtung in stationär bewegter und in ruhender Luft. Meteorol. Z., HANN-Band (1906) S. 243—254.

wärmeres Gebiet gerichtete Strömung mit der Höhe nach links $\left(\dfrac{\partial \psi}{\partial z} < 0\right)$ drehen muß. Existiert eine Homotropierelation $F(p, T) = 0$ (vgl. S. 36), so bleibt, wie die Gleichungen (222) zeigen, der Wind mit der Höhe nach Richtung und Absolutbetrag konstant (W. H. DINES).

§ 8. Stationäre Diskontinuitäten in der Atmosphäre.

Die wichtigen Fortschritte der Meteorologie in den letzten Dezennien sind mit der (in ihren theoretischen Grundlagen bis auf HELMHOLTZ[214] zurückgehenden) Erkenntnis verknüpft, daß die Atmosphäre nicht als eine in thermodynamischer Hinsicht einheitliche Luftmasse mit überall stetigen Übergängen von Temperatur, Dichte, Entropie und spezifischer Feuchtigkeit angesehen werden kann, sondern daß sie aus einzelnen „Luftkörpern" aufgebaut ist, die durch sprunghafte Änderungen der meteorologischen Elemente (mit Ausnahme des Drucks) an den Luftkörpergrenzen voneinander zu unterscheiden sind. Obwohl die Luftkörpergrenzen Übergangszonen endlicher Dicke darstellen, werden sie zwecks mathematischer Behandlung am besten durch Flächen idealisiert, an denen die beiderseitigen Funktionswerte von T, ϱ, $\mathfrak{v}$ (Geschwindigkeitsvektor) usw. um einen endlichen „Sprungwert" differieren; man spricht von „Diskontinuitätsflächen", deren Schnittkurve mit einer Horizontalebene als „Front" bezeichnet wird. Es hat sich neuerdings in der Meteorologie die von HADAMARD[215] eingeführte Klassifikation der Unstetigkeitsflächen eingebürgert, wonach eine „Diskontinuität n-ter Ordnung" vorliegt, wenn die niedrigste unstetige Ableitung einer der hydrodynamischen Feldgrößen von der n-ten Ordnung ist. So sind z. B. die troposphärischen Luftkörpergrenzen Diskontinuitäten nullter Ordnung, während die (stationäre) Tropopause eine Diskontinuität erster Ordnung darstellt[216].

Während die mathematische Behandlung bewegter Diskontinuitäten auf große Schwierigkeiten stößt und über die ersten Ansätze bisher nicht hinausgekommen ist (mit Ausnahme kleiner Schwingungen der Diskontinuitätsflächen, vgl. S. 114), bereitet die Aufstellung der Gleichgewichtsbedingungen für stationäre atmosphärische Diskontinuitäten keine Schwierigkeiten. Die zuerst von MARGULES[217] und später von

---

[214] HELMHOLTZ, H. v.: Über atmosphärische Bewegungen (I. Mitt.). S.-B. preuß. Akad. Wiss. 1888 S. 647.

[215] HADAMARD, J.: Lecons sur la propagation des ordes et les équations de l'hydrodynamique. Paris 1903.

[216] BJERKNES, V. u. Mitarbeiter: Physikalische Hydrodynamik. S. 122f. u. S. 628. Berlin 1933. — Vgl. dazu F. BAUR: Die Bedeutung der Stratosphäre für die Großwetterlage. Meteorol. Z. 1936 S. 237—247 sowie H. ERTEL: Die Arten der Unstetigkeiten des Windfeldes an der Tropopause. Ebenda 1936 S. 450—455.

[217] MARGULES, M.: Über Temperaturschichtung in stationär bewegter und in ruhender Luft. Meteorol. Z., HANN-Band (1906) S. 243—254.

V. Bjerknes[218] in allgemeinerer Weise angewandte Methodik zur Ableitung der Gleichgewichtsbedingungen stationärer Diskontinuitäten nullter Ordnung benutzt die dynamische Grenzflächenbedingung der Stetigkeit des Druckes an der Diskontinuität: Ist ds mit den Komponenten dx, dy, dz ein in der Diskontinuitätsfläche liegendes Linienelement, wobei die Richtung von ds frei wählbar ist, so ergibt sich, wenn die Diskontinuität die zwei Luftkörper 1 (kalt) und 2 (warm) voneinander abgrenzt, an den Endpunkten von ds die gleiche Druckdifferenz $dp_1 = dp_2$ oder

$$(227) \quad \left[\left(\frac{\partial p}{\partial x}\right)_1 - \left(\frac{\partial p}{\partial x}\right)_2\right] dx + \left[\left(\frac{\partial p}{\partial y}\right)_1 - \left(\frac{\partial p}{\partial y}\right)_2\right] dy + \left[\left(\frac{\partial p}{\partial z}\right)_1 - \left(\frac{\partial p}{\partial z}\right)_2\right] dz = 0,$$

welche Gleichung besagt, daß der Sprung des Druckgradienten

$$\left[\left(\frac{\partial p}{\partial x}\right)_1 - \left(\frac{\partial p}{\partial x}\right)_2\right], \quad \left[\left(\frac{\partial p}{\partial y}\right)_1 - \left(\frac{\partial p}{\partial y}\right)_2\right], \quad \left[\left(\frac{\partial p}{\partial z}\right)_1 - \left(\frac{\partial p}{\partial z}\right)_2\right]$$

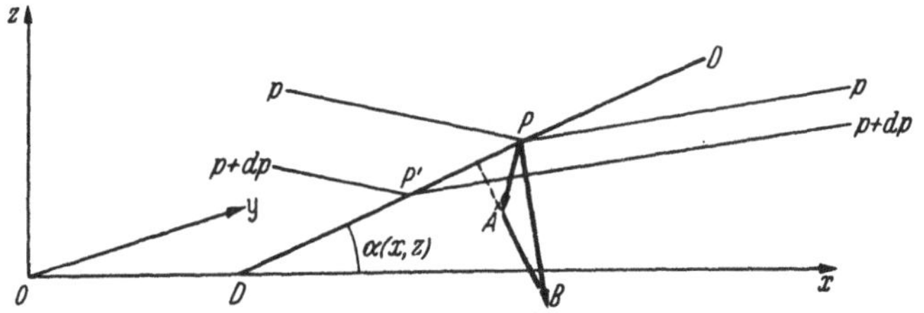

Abb. 12. Zur Ableitung der Gleichgewichtsbedingung stationärer Diskontinuitäten.

($=AB$ in Abb. 12) auf der Diskontinuität (DD in Abb. 12) senkrecht steht, ein Satz, der auch für nichtstationäre Diskontinuitäten gilt. Orientieren wir das x, y, z-System derart, daß die y-Achse die Richtung der Isohypsen der Diskontinuität hat, so ergibt sich der Neigungswinkel $\alpha(x, z)$ der Diskontinuität in der x, z-Vertikalebene mit der x-Achse aus

$$(228) \quad \operatorname{tg}\alpha(x, z) = \frac{dz}{dx} = -\frac{\left[\left(\frac{\partial p}{\partial x}\right)_1 - \left(\frac{\partial p}{\partial x}\right)_2\right]}{\left[\left(\frac{\partial p}{\partial z}\right)_1 - \left(\frac{\partial p}{\partial z}\right)_2\right]}.$$

Die für jeden Luftkörper (1, 2) angesetzten Bewegungsgleichungen

$$(229) \quad \begin{cases} \dfrac{\partial p}{\partial x} = 2\omega \sin\varphi\, \varrho\, v_y - \varrho\, b_x, \\[2mm] \dfrac{\partial p}{\partial z} = -g\varrho + 2\omega \cos\varphi\, \varrho\, v \cos\varepsilon - \varrho\, b_z, \end{cases}$$

in denen ε den Azimutwinkel des horizontalen Windvektors $v = \sqrt{v_x^2 + v_y^2}$ gegen die West-Ost-Richtung bedeutet (vgl. die dritte der Bewegungs-

218 Bjerknes, V.: On the Dynamics of the Circular Vortex with Applications to Atmosphere and Atmospheric Vortex and Wave Motions. Geofys. Publ. Oslo Bd. 2 Nr. 4.

gleichungen 78) und b_x, b_z die EULERschen Beschleunigungen darstellen, ergeben

$$(230) \quad \begin{cases} \left(\dfrac{\partial p}{\partial x}\right)_1 - \left(\dfrac{\partial p}{\partial x}\right)_2 = 2\omega \sin\varphi \,[(\varrho\, v_y)_1 - (\varrho\, v_y)_2] - [(\varrho\, b_x)_1 - (\varrho\, b_x)_2], \\[2ex] \left(\dfrac{\partial p}{\partial z}\right)_1 - \left(\dfrac{\partial p}{\partial z}\right)_2 = -g(\varrho_1 - \varrho_2) - [(\varrho\, b_z)_1 - (\varrho\, b_z)_2] \\[1ex] \qquad\qquad\qquad\quad +2\omega \cos\varphi \cos\varepsilon\,[(\varrho\, v)_1 - (\varrho\, v)_2], \end{cases}$$

woraus durch Substitution in (178)

$$(231) \quad \operatorname{tg}\alpha\,(x,z) = \frac{2\omega \sin\varphi\,[(\varrho\, v_y)_1 - (\varrho\, v_y)_2] - [(\varrho\, b_x)_1 - (\varrho\, b_x)_2]}{g(\varrho_1 - \varrho_2) + [(\varrho\, b_z)_1 - (\varrho\, b_z)_2] - 2\omega \cos\varphi \cos\varepsilon\,[(\varrho\, v)_1 - (\varrho\, v)_2]}$$

als Gleichgewichtsbedingung folgt. Dieselbe vereinfacht sich im Falle horizontaler, unbeschleunigter Bewegung zunächst in

$$(232) \quad \operatorname{tg}\alpha\,(x,z) = \frac{2\omega \sin\varphi\,[(\varrho\, v)_1 - (\varrho\, v)_2]}{g(\varrho_1 - \varrho_2) - 2\omega \cos\varphi \cos\varepsilon\,[(\varrho\, v)_1 - (\varrho\, v)_2]},$$

worin jetzt $v = v_y$, da wegen $v_z = 0$ nach der kinematischen Grenzbedingung der Wind an der Diskontinuität nur in Richtung der Isohypsen (y-Achse) wehen kann. Die in Gleichung (232) noch vorhandene Azimutabhängigkeit des Neigungswinkels $\alpha\,(x,z)$ verschwindet erst, wenn man die Vertikalkomponente der ablenkenden Kraft der Erdrotation vernachlässigt, was für die praktischen Anwendungen der Gleichung (232) erlaubt ist[219]; man erhält so die MARGULESsche Formel

$$(233) \quad \operatorname{tg}\alpha\,(x,z) = \frac{2\omega \sin\varphi}{g} \frac{[(\varrho\, v)_1 - (\varrho\, v)_2]}{(\varrho_1 - \varrho_2)},$$

die (wegen der Stetigkeit des Druckes an der Diskontinuität) auf Grund der Zustandsgleichung $p = RT_1 = RT_2$ auch

$$(234) \quad \operatorname{tg}\alpha\,(x,z) = \frac{2\omega \sin\varphi}{g} \frac{[v_1 T_2 - v_2 T_1]}{(T_2 - T_1)}$$

geschrieben werden kann; man beachte ferner die zur Umformung zweckmäßigen Identitäten:

$$(235) \quad \begin{cases} \varrho_1 v_1 - \varrho_2 v_2 = \left(\dfrac{v_1 + v_2}{2}\right)(\varrho_1 - \varrho_2) + \left(\dfrac{\varrho_1 + \varrho_2}{2}\right)(v_1 - v_2), \\[2ex] v_1 T_2 - v_2 T_1 = \left(\dfrac{v_1 + v_2}{2}\right)(T_2 - T_1) + \left(\dfrac{T_1 + T_2}{2}\right)(v_1 - v_2). \end{cases}$$

Die Gleichungen (228), (231), (232), (233) und (234) gelten natürlich auch dann, wenn die Diskontinuität nicht eine Ebene darstellt (wie in Abb. 12), sondern eine Krümmung aufweist, wodurch sich der Neigungswinkel längs des Schnittes der Diskontinuität mit der x, z-Ebene ändert. Dann kann für jeden Punkt des Schnittes die Neigung der Diskontinuität nach den obigen Gleichungen berechnet werden.

---

[219] BRUNT, D.: Physical and Dynamical Meteorology. S. 192. Cambridge 1934.

In ähnlicher Weise läßt sich die Neigung der Diskontinuitätsfläche in einem „zirkularen Winkel" bestimmen; ist r der Krümmungsradius einer durch P gehenden Isohypse der Diskontinuität, so ist im Punkte P die Neigung der Diskontinuität im Schnitt mit der r, z-Vertikalebene durch

$$(236) \qquad \operatorname{tg}\alpha(r, z) = \frac{2\omega\sin\varphi}{g}\frac{[(\varrho\,v)_1 - (\varrho\,v)_2]}{(\varrho_1 - \varrho_2)} \pm \frac{1}{g}\frac{[(\varrho\,v^2)_1 - (\varrho\,v^2)_2]}{(\varrho_1 - \varrho_2)}$$

bestimmt, welche Gleichung die Erweiterung von (233) für den Fall gekrümmter horizontaler Bewegungen darstellt; das positive (negative) Zeichen gilt für zyklonale (antizyklonale) Rotation.

Die sich nach den vorstehenden Gleichungen für $\alpha(x, z)$ bzw. $\alpha(r, z)$ aus den Werten der an den Luftkörpergrenzen auftretenden Geschwindigkeits- und Dichte- bzw. Temperatur-Sprungwerte ergebenden Diskontinuitätenneigungen sind von der Größenordnung 10^{-2} bis 10^{-3} in Übereinstimmung mit den aus aerologischen Schnitten erhaltenen Ergebnissen. Noch geringer sind die sich aus

$$(237) \qquad \operatorname{tg}\beta(x, z) = -\frac{\left(\dfrac{\partial p}{\partial x}\right)}{\left(\dfrac{\partial p}{\partial z}\right)} = \frac{2\omega\sin\varphi\,\varrho\,v_y - \varrho\,b_x}{g\varrho + \varrho\,b_z - 2\omega\cos\varphi\,\varrho\,v\cos\varepsilon}$$

oder [vereinfacht durch die Voraussetzungen, für die Gleichung (233) gilt]

$$(238) \qquad \operatorname{tg}\beta(x, z) = \frac{2\omega\sin\varphi}{g}\cdot v$$

berechnenden Neigungen der isobaren Flächen. Für gekrümmte Isobaren mit $\pm r$ ($+ = $ zyklonal, $- = $ antizyklonal) als Krümmungsradius der Isohypse der Isobarenfläche, die durch den Punkt geht, für den die Neigung der Isobarenfläche im r, z-Schnitt bestimmt werden soll, gilt als Erweiterung von (238):

$$(239) \qquad \operatorname{tg}\beta(r, z) = \frac{2\omega\sin\varphi}{g}\cdot v \pm \frac{v^2}{r}.$$

Es gilt für die Strömungen an Diskontinuitäten der Satz: *Blickt man (auf der Nordhemisphäre) von der kalten Strömung zur warmen, so bewegt sich letztere relativ zur ersten nach links.* Oder in der Ausdrucksweise von BJERKNES: *Die Vertikalkomponente des Gleitwirbels an atmosphärischen Diskontinuitäten ist zyklonisch. Ausnahmen davon sind bei großem Dichtesprung $\varrho_1 - \varrho_2$ möglich.*

Über Spezialfälle, die sich aus den obigen Gleichgewichtsbedingungen dadurch ergeben, daß entweder nur die Dichte (bzw. Temperatur) oder der Geschwindigkeitsvektor unstetig wird, vgl. D. BRUNT (a. a. O. S. 191 f.). Im besonderen folgt aus (232) der Satz, daß eine reine Winddiskontinuität der Rotationsachse der Erde parallel sein muß.

Zu der von HERGESELL[220] gegebenen Anregung, die möglichen Formen der Diskontinuitätsflächen mit Hilfe der CHRISTOFFELschen Flächentheorie zu untersuchen, liegen einige Ansätze vor[221]. In anderer Weise, nämlich aus der Änderung der Niederschlagsintensität beim Durchzug von an Fronten gebundenen Regengebieten hat A. ÅNGSTRÖM[222] Rückschlüsse auf die Form (allerdings nichtstationärer) Diskontinuitätsflächen zu ziehen versucht.

Wir wenden uns nun den Gleichgewichtsbedingungen stationärer Diskontinuitäten erster Ordnung zu und betrachten z. B. die als HADAMARDsche Diskontinuität erster Ordnung aufzufassende stationäre Tropopause. Alle hydrodynamischen Feldgrößen (p, T, ϱ, $\mathfrak{v}$) bleiben stetig, dagegen springen die ersten Ableitungen. Es gelten also analog (227) die Gleichungen (Index 1 für Stratosphäre, 2 für Troposphäre):

$$(240) \quad \left[\left(\frac{\partial T}{\partial x}\right)_1 - \left(\frac{\partial T}{\partial x}\right)_2\right] dx + \left[\left(\frac{\partial T}{\partial y}\right)_1 - \left(\frac{\partial T}{\partial y}\right)_2\right] dy + \left[\left(\frac{\partial T}{\partial z}\right)_1 - \left(\frac{\partial T}{\partial z}\right)_2\right] dz = 0,$$

$$(241) \quad \left[\left(\frac{\partial \varrho}{\partial x}\right)_1 - \left(\frac{\partial \varrho}{\partial x}\right)_2\right] dx + \left[\left(\frac{\partial \varrho}{\partial y}\right)_1 - \left(\frac{\partial \varrho}{\partial y}\right)_2\right] dy + \left[\left(\frac{\partial \varrho}{\partial z}\right)_1 - \left(\frac{\partial \varrho}{\partial z}\right)_2\right] dz = 0,$$

$$(242) \quad \left[\left(\frac{\partial p}{\partial x}\right)_1 - \left(\frac{\partial p}{\partial x}\right)_2\right] dx + \left[\left(\frac{\partial p}{\partial y}\right)_1 - \left(\frac{\partial p}{\partial y}\right)_2\right] dy + \left[\left(\frac{\partial p}{\partial z}\right)_1 - \left(\frac{\partial p}{\partial z}\right)_2\right] dz = 0,$$

wobei sich aber in beschleunigungsfreien Windfeldern an der Tropopause die Gleichung (242) auf

$$(243) \quad \left(\frac{\partial p}{\partial x}\right)_1 - \left(\frac{\partial p}{\partial x}\right)_2 = 0, \qquad \left(\frac{\partial p}{\partial y}\right)_1 - \left(\frac{\partial p}{\partial y}\right)_2 = 0, \qquad \left(\frac{\partial p}{\partial z}\right)_1 - \left(\frac{\partial p}{\partial z}\right)_2 = 0$$

reduziert, d. h. die Isobaren weisen an der Tropopause keinen Knick auf, wenn die EULERschen Beschleunigungen (b_x, b_y, b_z) verschwinden*. Die Neigung $\sigma(x, z)$ der Tropopause im Schnitt mit der x, z-Vertikalebene ist zunächst nach (240):

$$(244) \qquad \operatorname{tg}\sigma(x, z) = - \frac{\left[\left(\frac{\partial T}{\partial x}\right)_1 - \left(\frac{\partial T}{\partial x}\right)_2\right]}{\left[\left(\frac{\partial T}{\partial z}\right)_1 - \left(\frac{\partial T}{\partial z}\right)_2\right]}.$$

---

[220] HERGESELL, H.: Diskussionsbemerkung auf der aerolog. Tagung vom 3.—6. Juli 1921 im Preuß. aeronaut. Obs. Lindenberg. Sonderheft der Beitr. Physik frei. Atmosph. 1922 S. 37.

[221] ERTEL, H.: Die Krümmung der Diskontinuitätsflächen in der Atmosphäre und im Ozean. Tät.-Ber. preuß. meteorol. Inst. 1930 S. 147—152. Berlin 1931. — Die Krümmung der isobaren Flächen im Ozean. Ann. Hydrogr. 1931 S. 133—138.

[222] ÅNGSTRÖM, A.: Die Variation der Niederschlagsintensität bei der Passage von Regengebieten und einige Folgen betreffs der Struktur der Fronten. Meteorol. Z. 1930 S. 177—181. — Vgl. dazu J. HOFFMEISTER: Über die Struktur der Niederschlagsintensität bei langandauernden Niederschlägen. Tät.-Ber. preuß. meteorol. Inst. 1932 S. 111—119. Berlin 1933.

* Oder wenn die b_x, b_y, b_z an der Tropopause stetig sind. In der folgenden Rechnung wird die Stetigkeit der b_x, b_y, b_z angenommen, jedoch Unstetigkeit der ersten Ableitungen zugelassen.

Nun ergeben die Bewegungsgleichungen

$$\frac{1}{\varrho}\frac{\partial p}{\partial x} = X - b_x, \qquad \frac{1}{\varrho}\frac{\partial p}{\partial z} = Z - b_z$$

oder

$$(245) \qquad \frac{\partial \ln p}{\partial x} = \frac{X - b_x}{RT}, \qquad \frac{\partial \ln p}{\partial z} = \frac{Z - b_z}{RT}$$

($X, Z =$ äußere Kräfte + Corioliskomponenten) durch Rotationsbildung:

$$\frac{\partial T}{\partial x}(Z - b_z) = \frac{\partial T}{\partial z}(X - b_x) + T\left\{\frac{\partial}{\partial z}(X - b_x) - \frac{\partial}{\partial x}(Z - b_z)\right\},$$

woraus

$$\left(\frac{\partial T}{\partial x}\right)_1 - \left(\frac{\partial T}{\partial x}\right)_2 = \frac{(X - b_x)}{(Z - b_z)}\left[\left(\frac{\partial T}{\partial z}\right)_1 - \left(\frac{\partial T}{\partial z}\right)_2\right]$$
$$+ \frac{T}{(Z - b_z)}\left\{\left[\frac{\partial}{\partial z}(X - b_x) - \frac{\partial}{\partial x}(Z - b_z)\right]_1 - \left[\frac{\partial}{\partial z}(X - b_x) - \frac{\partial}{\partial x}(Z - b_z)\right]_2\right\}$$

folgt; daher wird nach (244):

$$(246)\ \operatorname{tg}\sigma(x,z) = -\frac{(X - b_x)}{(Z - b_z)} - \frac{T}{(Z - b_z)}\ \frac{\left\{\left[\frac{\partial}{\partial z}(X - b_x) - \frac{\partial}{\partial x}(Z - b_z)\right]_1 - \left[\frac{\partial}{\partial z}(X - b_x) - \frac{\partial}{\partial x}(Z - b_z)\right]_2\right\}}{\left[\left(\frac{\partial T}{\partial z}\right)_1 - \left(\frac{\partial T}{\partial z}\right)_2\right]}$$

oder

$$(247)\ \operatorname{tg}\sigma(x,z) = \operatorname{tg}\beta(x,z) - \frac{T}{(Z - b_z)}\ \frac{\left\{\left[\frac{\partial}{\partial z}(X - b_x) - \frac{\partial}{\partial x}(Z - b_z)\right]_1 - \left[\frac{\partial}{\partial z}(X - b_x) - \frac{\partial}{\partial x}(Z - b_z)\right]_2\right\}}{\left[\left(\frac{\partial T}{\partial z}\right)_1 - \left(\frac{\partial T}{\partial z}\right)_2\right]},$$

da ja durch

$$(248) \qquad \operatorname{tg}\beta(x,z) = -\frac{(X - b_x)}{(Z - b_z)} = -\frac{\left(\frac{\partial p}{\partial x}\right)}{\left(\frac{\partial p}{\partial z}\right)}$$

die Neigung der Isobarenflächen gegeben ist. Die Gleichungen (246) bzw. (247) stellen die Gleichgewichtsbedingungen in der zur Isohypse (y-Achse) senkrechten x, z-Vertikalebene dar.

Setzt man für den Fall beschleunigungsfreier Windfelder ($b_x = b_z = 0$) $X = 2\omega \sin\varphi\, v_y$, $Z = -g$ (also Vernachlässigung der vertikalen Corioliskomponente), so folgt aus (246):

$$(249) \qquad \operatorname{tg}\sigma(x,z) = \frac{2\omega \sin\varphi}{g}\left\{v_y - \frac{T\left[\left(\frac{\partial v_y}{\partial z}\right)_1 - \left(\frac{\partial v_y}{\partial z}\right)_2\right]}{\left[\left(\frac{\partial T}{\partial z}\right)_1 - \left(\frac{\partial T}{\partial z}\right)_2\right]}\right\},$$

in Übereinstimmung mit der von V. Bjerknes auf anderem Wege abgeleiteten Gleichung (Physikal. Hydrodynamik, S. 483; Wechsel der Koordinatenachsen ist zu beachten).

Die Gleichung (249) drückt die Gleichgewichtsbedingung für die stationäre Tropopause relativ zur Neigung der Isobarenflächen $(\operatorname{tg}\beta\,(x,z))$ gemäß

$$\operatorname{tg}\sigma\,(x,z) - \operatorname{tg}\beta\,(x,z) = -\frac{2\,\omega\sin\varphi}{g}\,T\,\frac{\left[\left(\dfrac{\partial v_y}{\partial z}\right)_1 - \left(\dfrac{\partial v_y}{\partial z}\right)_2\right]}{\left[\left(\dfrac{\partial T}{\partial z}\right)_1 - \left(\dfrac{\partial T}{\partial z}\right)_2\right]}$$

durch den Sprung der vertikalen Temperatur- und Windgradienten aus. Sie gilt auch für den mittleren (unbeschleunigten) Zustand der Tropopause; die entsprechenden Beobachtungsgrundlagen sind in einer Arbeit von Dobson [223] enthalten (vgl. Abb. 13).

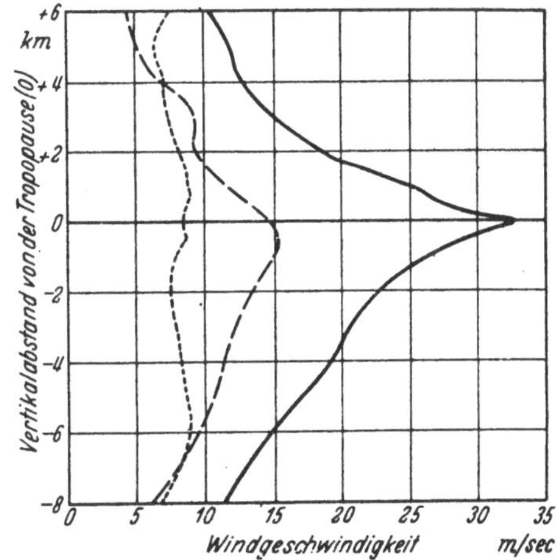

Abb. 13. Mittlere Windgeschwindigkeit in der Umgebung der Tropopause (nach G. M. B. Dobson).
Ausgezogene Kurve: Mittel für Geschwindigkeiten über 19 m/sec, gestrichelte Kurve: Mittel für Geschwindigkeiten von 13—19 m/sec, punktierte Kurve: Mittel für Geschwindigkeiten unter 13 m/sec.

Setzt man für zyklonal umströmte kreisförmige Isobaren mit dem Krümmungsradius r

$$-b_x + X = 2\,\omega\sin\varphi\,v + \frac{v^2}{r}\,, \qquad Z = -g$$

[vgl. Gleichung (212)], so erhält man aus (246):

$$(250)\quad \operatorname{tg}\sigma\,(r,z) = \frac{2\,\omega\sin\varphi}{g}\cdot v + \frac{v^2}{r} - \frac{2\,\omega\sin\varphi}{g}\,T\,\frac{\left[\left(\dfrac{\partial v}{\partial z}\right)_1 - \left(\dfrac{\partial v}{\partial z}\right)_2\right]}{\left[\left(\dfrac{\partial T}{\partial z}\right)_1 - \left(\dfrac{\partial T}{\partial z}\right)_2\right]}\left(1 + \frac{2\,v}{2\,\omega\sin\varphi\,r}\right).$$

Das ist die Gleichgewichtsbedingung für einen stationären axialsymmetrischen Palménschen „Tropopausentrichter" [224]; $v = v_\vartheta$, $v_r = 0$.

§ 9. Die atmosphärischen Störungsgleichungen.

Bei allen zur Zeit noch vorhandenen Unterschieden in den Auffassungen der Meteorologen über die näheren Einzelheiten der extratropischen Zyklogenese besteht doch Übereinstimmung in der Ansicht, daß die Zyklonen der gemäßigten Breiten ihren Ursprung an der Grenzfläche zweier relativ zueinander bewegter und verschieden temperierter Luftmassen haben, an denen sie sich aus „kleinen Störungen" entwickeln. Wenngleich also zur exakten mathematischen Behandlung

[223] Dobson, G. M. B.: Winds and Temperature Gradients in the Stratosphere. Quart. J. Roy. Meteorol. Soc. Bd. 46 (1920) S. 54—64.
[224] Palmén, E.: Registrierballonaufstiege in einer tiefen Zyklone. Soc. Sci. Fennicae Comment. phys.-math. Bd. 8, 3. Helsingfors 1935.

vollentwickelter Zyklonen wahrscheinlich die vollständigen, nicht-linearen hydrodynamischen Differentialgleichungen notwendig sind, ist es doch klar, daß für das Studium der Zyklogenese linearisierte hydrodynamische Gleichungen ausreichen, völlig unabhängig davon, ob die sich an der zunächst stationären Diskontinuität entwickelnde Störung ihrer physikalischen Natur nach auf das durch quasiperiodische Stabilitätsänderungen bedingte „Abtropfen" kalter Luft unter Mitwirkung günstiger orographischer Bedingungen (F. M. EXNER[225]) zurückgeht, oder ob die Störung in einer „Aktivierung" der stationären Diskontinuität durch stratosphärische Druckänderungen (v. FICKER[226]) usw. besteht; maßgebend für eine „Wellentheorie" der Zyklonen (V. BJERKNES) ist der Umstand, daß die Deformation der Diskontinuitätsfläche in eine durch exponentiell anwachsende Amplituden charakterisierte Instabilitätswelle (an der Diskontinuitätsfläche zweier ungleich dichter Medien) übergehen soll[227]. Nach der Ansicht von V. BJERKNES führt uns jede Zyklonenbildung in der Natur gewissermaßen die Integration der Störungsgleichungen vor Augen, deren analytische Nachbildung zu den Hauptaufgaben der dynamischen Meteorologie gehört.

Linearisierte hydrodynamische Gleichungen waren in der dynamischen Meteorologie seit langem in Gebrauch, wobei jedoch die Linearisierung entweder einfach durch Fortlassung der quadratischen Terme in den Bewegungsgleichungen $\left(\dfrac{d\mathfrak{v}}{dt} \to \dfrac{\partial\mathfrak{v}}{\partial t}\right)$ oder durch die OSEENsche Linearisierung $\dfrac{d\mathfrak{v}}{dt} = \dfrac{\partial\mathfrak{v}}{\partial t} + (\mathfrak{V}\,\mathrm{grad})\,\mathfrak{v}$ ($\mathfrak{V} =$ konstante Geschwindigkeit) erzielt wurde. Erst V. BJERKNES hat in mehreren Arbeiten[228] ein exaktes und speziell für die Aufgaben der dynamischen Meteorologie

[225] EXNER, F. M.: Über die Entstehung von Barometerdepressionen höherer Breiten. S.-B. Akad. Wiss. Wien Bd. 120 (1911), II a S. 1411—1434. — Dynam. Meteorologie, 2. Aufl. S. 337. Berlin 1925. — Vgl. dazu W. SCHWERDTFEGER: Zur Theorie polarer Temperatur- und Luftdruckwellen. Veröff. geophys. Inst. Leipzig, 2. Ser. Bd. 4 (1931) S. 5.

[226] FICKER, H. v.: Über die Entstehung großer Temperaturdifferenzen zwischen Alpen und Lindenberg. Abh. preuß. meteorol. Inst. Bd. 8 S. 37. Berlin 1926. — Vgl. dazu H. ERTEL: Der Einfluß der Stratosphäre auf die Dynamik des Wetters. Meteorol. Z. 1931 S. 461—475.

[227] Dagegen: EXNER, F. M.: Sind die Zyklonen Wellen in der Polarfront oder Durchbrüche derselben? Meteorol. Z. 1921 S. 21—23. — WEGENER, A.: Sind die Zyklonen Helmholtzsche Luftwogen? Ebenda S. 300—302 (von V. BJERKNES als verfehlte Fragestellung nachgewiesen: Beitr. Physik frei. Atmosph. Bd. 13 (1926) S. 12). — AHLBORN: Zyklonen und Antizyklonen im Mechanismus der Atmosphäre. Ebenda Bd. 12 S. 63.

[228] BJERKNES, V.: Die atmosphärischen Störungsgleichungen. Beitr. Physik frei. Atmosph. Bd. 13 (1926) S. 1—14, sowie Z. angew. Math. Mech. Bd. 7 (1927) S. 17—26. — Über die hydrodynamischen Gleichungen in Lagrangescher und Eulerscher Form und ihre Linearisierung für das Studium kleiner Störungen. Geofys. Publ. Oslo Bd. 5 Nr. 11 — Physikalische Hydrodynamik. S. 277. Berlin 1933.

zugeschnittenes System der „atmosphärischen Störungsgleichungen" aufgestellt, von dem bereits zahlreiche Anwendungen vorliegen.

Zwecks Ableitung der Störungsgleichungen erinnern wir daran, daß zunächst zur Bestimmung der fünf Größen v_x, v_y, $v_z \equiv \mathfrak{v}$, p, $\alpha = 1/\varrho$ in EULERscher Darstellung das (vektoranalytisch geschriebene) nicht-lineare System

$$(251) \qquad \left(\frac{\partial}{\partial t} + \mathfrak{v}\,\mathrm{grad}\right)\mathfrak{v} - 2[\mathfrak{v},\mathfrak{w}] = -\mathrm{grad}\,\Phi - \alpha\,\mathrm{grad}\,p\,,$$

$$(252) \qquad \left(\frac{\partial}{\partial t} + \mathfrak{v}\,\mathrm{grad}\right)\alpha - \alpha\,\mathrm{div}(\mathfrak{v}) = 0\,,$$

$$(253) \qquad \left(\frac{\partial}{\partial t} + \mathfrak{v}\,\mathrm{grad}\right)\alpha = \gamma_\alpha\left(\frac{\partial}{\partial t} + \mathfrak{v}\,\mathrm{grad}\right)p$$

vorliegt, mit (251) als Bewegungs-, (252) als Kontinuitäts- und (253) als Piezotropiegleichung; letztere ist die der Thermodynamik zu entnehmende „physikalische" Gleichung $\alpha = \alpha(p)$ (Adiabate, Polytrope) in differentieller Form mit dem Piezotropiekoeffizienten des spezifischen Volumens $\gamma_\alpha = (d\alpha/dp)$ (vgl. S. 36); $\mathfrak{w}$ in (251) ist der Drehvektor der Erdrotation. Hinzu treten die Grenzbedingungen an einer Fläche

$$(254) \qquad F(x, y, z, t) = 0\,,$$

die zwei Luftmassen (durch 1, 2 gekennzeichnet) trennt:

$$(255) \qquad \frac{\partial F}{\partial t} + (\mathfrak{v}_1\,\mathrm{grad})\,F = 0\,, \qquad \frac{\partial F}{\partial t} + (\mathfrak{v}_2\,\mathrm{grad})\,F = 0$$

(kinematische Grenzflächenbedingung, die auch

$$(256) \qquad (\mathfrak{v}_1 - \mathfrak{v}_2)\,\mathrm{grad}\,F = 0$$

geschrieben werden kann, d. h. der Geschwindigkeitssprung fällt in die Tangentialebene von F) und

$$(257) \qquad p_1 - p_2 = 0$$

(dynamische Grenzflächenbedingung, die auch in H. SOLBERGscher Form

$$(258) \quad \left(\frac{\partial}{\partial t} + \mathfrak{v}_1\,\mathrm{grad}\right)(p_1 - p_2) = 0\,, \qquad \left(\frac{\partial}{\partial t} + \mathfrak{v}_2\,\mathrm{grad}\right)(p_1 - p_2) = 0$$

geschrieben werden kann). Ist $F(x, y, z, t)$ eine äußere Grenzfläche, so ist in den vorstehenden Grenzbedingungen eine der indexbehafteten Größen gleich Null zu setzen bzw. die entsprechende Gleichung fort-zulassen.

Aus diesem nichtlinearen System (251) bis (253), (254), (255), (258) resultiert nun das System der Störungsgleichungen, indem man die Größen $\mathfrak{v}$, p, α und F der „allgemeinen Bewegung" zusammensetzt aus den Größen $\overset{\circ}{\mathfrak{v}}$, $\overset{\circ}{p}$, $\overset{\circ}{\alpha}$ und $\overset{\circ}{F}$ der „bevorzugten Bewegung" (oder „Grundströmung"), die dem vorstehenden nichtlinearen System ge-nügen, und den Größen $\overset{*}{\mathfrak{v}}$, $\overset{*}{p}$, $\overset{*}{\alpha}$, $\overset{*}{F}$ der „Störungsbewegung", die sämtlich mit ihren Ableitungen als kleine Größen erster Ordnung aufzufassen sind:

$$(259) \quad \mathfrak{v} = \overset{\circ}{\mathfrak{v}} + \overset{*}{\mathfrak{v}}, \quad p = \overset{\circ}{p} + \overset{*}{p}, \quad \alpha = \overset{\circ}{\alpha} + \overset{*}{\alpha}, \quad F = \overset{\circ}{F} + \overset{*}{F}.$$

Unter Beachtung dieses Umstandes entsteht aus dem nichtlinearen System durch Substitution von (259) das System der Störungsgleichungen in EULERscher Form:

$$(260) \quad \left(\frac{\partial}{\partial t} + \overset{\circ}{\mathfrak{v}}\,\mathrm{grad}\right)\overset{*}{\mathfrak{v}} + (\overset{*}{\mathfrak{v}}\,\mathrm{grad})\,\overset{\circ}{\mathfrak{v}} - 2[\overset{*}{\mathfrak{v}},\mathfrak{w}] = -\overset{\circ}{\alpha}\,\mathrm{grad}\overset{*}{p} - \overset{*}{\alpha}\,\mathrm{grad}\overset{\circ}{p},$$

$$(261) \quad \left(\frac{\partial}{\partial t} + \overset{\circ}{\mathfrak{v}}\,\mathrm{grad}\right)\overset{*}{\alpha} + (\overset{*}{\mathfrak{v}}\,\mathrm{grad})\,\overset{\circ}{\alpha} = \overset{\circ}{\alpha}\,\mathrm{div}\,(\overset{*}{\mathfrak{v}}) + \overset{*}{\alpha}\,\mathrm{div}\,(\overset{\circ}{\mathfrak{v}}),$$

$$(262) \quad \left(\frac{\partial}{\partial t} + \overset{\circ}{\mathfrak{v}}\,\mathrm{grad}\right)\overset{*}{\alpha} + (\overset{*}{\mathfrak{v}}\,\mathrm{grad})\,\overset{\circ}{\alpha} = \gamma_\alpha\left(\frac{\partial}{\partial t} + \overset{\circ}{\mathfrak{v}}\,\mathrm{grad}\right)\overset{*}{p} + \gamma_\alpha\,(\overset{*}{\mathfrak{v}}\,\mathrm{grad})\,\overset{\circ}{p}$$

mit den Grenzflächenbedingungen:

$$(263) \quad \left(\frac{\partial}{\partial t} + \overset{\circ}{\mathfrak{v}}_1\,\mathrm{grad}\right)\overset{*}{F} + (\overset{*}{\mathfrak{v}}_1\,\mathrm{grad})\,\overset{\circ}{F} = 0, \quad \left(\frac{\partial}{\partial t} + \overset{\circ}{\mathfrak{v}}_2\,\mathrm{grad}\right)\overset{*}{F} + (\overset{*}{\mathfrak{v}}_2\,\mathrm{grad})\,\overset{\circ}{F} = 0,$$

$$(264) \quad \begin{cases} \left(\frac{\partial}{\partial t} + \overset{\circ}{\mathfrak{v}}_1\,\mathrm{grad}\right)(\overset{*}{p}_1 - \overset{*}{p}_2) + (\overset{*}{\mathfrak{v}}_1\,\mathrm{grad})\,(\overset{\circ}{p}_1 - \overset{\circ}{p}_2) = 0, \\[2mm] \left(\frac{\partial}{\partial t} + \overset{\circ}{\mathfrak{v}}_2\,\mathrm{grad}\right)(\overset{*}{p}_1 - \overset{*}{p}_2) + (\overset{*}{\mathfrak{v}}_2\,\mathrm{grad})\,(\overset{\circ}{p}_1 - \overset{\circ}{p}_2) = 0. \end{cases}$$

Methodisch vorteilhaft zur Ableitung der Störungsgleichungen ist die BJERKNESsche Regel: Man bilde die erste Variation der hydrodynamischen Feldgrößen des Grundzustandes, und zwar so, daß man die Variation (δ) als unabhängig von den schon in den Gleichungen vorkommenden Differentiationen betrachtet; nach vollzogener Variation ist $\delta\mathfrak{v} = \overset{*}{\mathfrak{v}}$, $\delta p = \overset{*}{p}$, $\delta\alpha = \overset{*}{\alpha}$, $\mathfrak{v} = \overset{\circ}{\mathfrak{v}}$, $p = \overset{\circ}{p}$ usw. zu setzen.

Beispiel: Störungsgleichungen in Impulsstromform (vgl. S. 31); Variation:

$$\frac{\partial}{\partial t}(\varrho\,\delta v_i + v_i\,\delta\varrho) + \frac{\partial}{\partial x_k}(\varrho\,\delta v_i v_k + \varrho v_i\,\delta v_k + \delta\varrho\, v_i v_k)$$
$$- 2\omega_{ik}(\delta\varrho\, v_k + \varrho\,\delta v_k) = -\delta\varrho\,\frac{\partial\Phi}{\partial x_i} - \frac{\partial\delta p}{\partial x_i},$$

also Störungsgleichungen:

$$\frac{\partial}{\partial t}(\overset{\circ}{\varrho}\overset{*}{v}_i + \overset{\circ}{v}_i\overset{*}{\varrho}) + \frac{\partial}{\partial x_k}(\overset{\circ}{\varrho}\overset{*}{v}_i\overset{\circ}{v}_k + \overset{\circ}{\varrho}\overset{\circ}{v}_i\overset{*}{v}_k + \overset{*}{\varrho}\overset{\circ}{v}_i\overset{\circ}{v}_k)$$
$$- 2\omega_{ik}(\overset{*}{\varrho}\overset{\circ}{v}_k + \overset{\circ}{\varrho}\overset{*}{v}_k) = -\overset{*}{\varrho}\frac{\partial\Phi}{\partial x_i} - \frac{\partial\overset{*}{p}}{\partial x_i}.$$

Wir wenden uns nun dem System der LAGRANGEschen Gleichungen zu und betrachten zunächst das nichtlineare System der allgemeinen Bewegung; den Bewegungsgleichungen können wir nach S. 23 die Form ($g_i = $ Schwerkraftkomponenten)

$$(265) \quad \frac{\partial^2 x_i}{\partial t^2} - 2\omega_{ik}\frac{\partial x_k}{\partial t} = -g_i - \frac{D_{i\alpha}}{\varrho_0}\frac{\partial p}{\partial a_\alpha} \qquad (i = 1, 2, 3)$$

geben, worin über k und α von 1 bis 3 zu summieren ist*. Die Kontinuitätsgleichung lautet:

$$(266) \qquad \varrho_0 = \varrho \begin{vmatrix} \dfrac{\partial x_1}{\partial a_1} & \dfrac{\partial x_2}{\partial a_1} & \dfrac{\partial x_3}{\partial a_1} \\[2mm] \dfrac{\partial x_1}{\partial a_2} & \dfrac{\partial x_2}{\partial a_2} & \dfrac{\partial x_3}{\partial a_2} \\[2mm] \dfrac{\partial x_1}{\partial a_3} & \dfrac{\partial x_2}{\partial a_3} & \dfrac{\partial x_3}{\partial a_3} \end{vmatrix} = \varrho\, \frac{\partial(x_1, x_2, x_3)}{\partial(a_1, a_2, a_3)},$$

während die physikalische Gleichung die endliche Form

$$(267) \qquad \varrho = \varrho\,(p;\, a_1, a_2, a_3)$$

aufweist, die also für jede durch die Numerierungskoordinaten a_1, a_2, a_3 individuell gekennzeichnete Partikel existieren muß. Eine zwei Luftmassen (durch gestrichelte und ungestrichelte Variablen unterschieden) trennende, mathematisch durch eine Gleichung (254) gegebene Diskontinuität kann also „materiell" als Funktion der Lagekoordinaten der begrenzenden Flüssigkeitspartikel auf beiden Seiten durch

$$(268) \qquad f(a_1, a_2, a_3, t) = 0, \qquad f'(a_1', a_2', a_3', t) = 0$$

gegeben sein, und die kinematische Grenzflächenbedingung lautet:

$$(269) \qquad \frac{\partial f}{\partial t}(a_1, a_2, a_3, t) = 0, \qquad \frac{\partial f'}{\partial t}(a_1', a_2', a_3', t) = 0$$

zusammen mit:

$$(270) \qquad \left(\frac{\partial x_k}{\partial t} - \frac{\partial x_k'}{\partial t}\right) D_{k\alpha}\, \frac{\partial f}{\partial a_\alpha} = 0, \qquad \left(\frac{\partial x_k}{\partial t} - \frac{\partial x_k'}{\partial t}\right) D_{k\alpha}'\, \frac{\partial f'}{\partial a_k'} = 0,$$

für $a_1' = a_1,\ a_2' = a_2,\ a_3' = a_3,\ t = 0$.

[Man beachte, daß dem EULERschen Operator $(v\,\mathrm{grad})^{\cdot}$ der LAGRANGEsche Operator $\dfrac{\partial x_k}{\partial t} D_{k\alpha} \dfrac{\partial}{\partial a_\alpha}$ entspricht; vgl. S. 24.] Die dynamische Grenzflächenbedingung (257) kann

$$(271) \qquad p(a_1, a_2, a_3, t) - p'(a_1', a_2', a_3', t) = 0$$

für $a_1' = a_1,\ a_2' = a_2,\ a_3' = a_3,\ t = 0$ geschrieben werden, unter Beachtung der Tatsache, daß die Lagekoordinaten x_i für $t = 0$ mit den Numerierungskoordinaten übereinstimmen. Eine Kombination der dynamischen und kinematischen Grenzflächenbedingungen stellt die „gemischte Grenzflächenbedingung"

$$(272) \qquad \begin{cases} \dfrac{\partial p}{\partial t} - \dfrac{\partial p'}{\partial t} - \left(\dfrac{\partial x_k}{\partial t} - \dfrac{\partial x_k'}{\partial t}\right) D_{k\alpha}'\, \dfrac{\partial p'}{\partial a_\alpha'} = 0, \\[3mm] \dfrac{\partial p}{\partial t} - \dfrac{\partial p'}{\partial t} - \left(\dfrac{\partial x_k}{\partial t} - \dfrac{\partial x_k'}{\partial t}\right) D_{k\alpha}\, \dfrac{\partial p}{\partial a_\alpha} = 0 \end{cases}$$

für $a_1' = a_1,\ a_2' = a_2,\ a_3' = a_3,\ t = 0$ dar.

---

* Für die folgenden Rechnungen sei an die Summationsvorschrift erinnert, nach der über in einem Term doppelt auftretende Indizes von 1 bis 3 zu summieren ist; griechische Indizes beziehen sich auf die unabhängigen Variablen (a_α), lateinische auf die abhängigen Variablen (x_i).

Zwecks Linearisierung des LAGRANGEschen Systems wird gesetzt:

$$(273) \quad x_i = \overset{\circ}{x}_i + \overset{*}{x}_i, \qquad p = \overset{\circ}{p} + \overset{*}{p}, \qquad \varrho = \overset{\circ}{\varrho} + \overset{*}{\varrho}, \qquad f = \overset{\circ}{f} + \overset{*}{f},$$

wobei die Größen $\overset{\circ}{x}_i$, $\overset{\circ}{p}$ und $\overset{\circ}{\varrho}$ des Grundzustandes dem nichtlinearen System genügen, während die Störungsgrößen $\overset{*}{x}_i$, $\overset{*}{p}$, $\overset{*}{\varrho}$, $\overset{*}{f}$ mit ihren Ableitungen klein von erster Ordnung sind und für $t = 0$ verschwinden. Da jetzt die Störungen nicht „lokale" sind, wie im EULERschen System, sondern „individuelle" im Sinne der Hydrodynamik, müßte bei Störungen von der Dimension der Zyklonen auch noch $\omega_{ik} = \overset{\circ}{\omega}_{ik} + \overset{*}{\omega}_{ik}$

und $g_i = \overset{\circ}{g}_i + \overset{*}{g}_i$ gesetzt werden mit $\overset{*}{\omega}_{ik} = \dfrac{\partial \overset{\circ}{\omega}_{ik}}{\partial \overset{\circ}{x}_j} \overset{*}{x}_j$, $\overset{*}{g}_i = \dfrac{\partial \overset{\circ}{g}_i}{\partial \overset{\circ}{x}_j} \overset{*}{x}_j$; sieht man aber hiervon ab, so erhält man zunächst aus (265) die Störungsgleichungen der Bewegung:

$$(274) \qquad \frac{\partial^2 \overset{*}{x}_i}{\partial t^2} - 2\omega_{ik} \frac{\partial \overset{*}{x}_k}{\partial t} = - \frac{\overset{\circ}{D}_{i\alpha}}{\varrho_0} \frac{\partial \overset{*}{p}}{\partial a_\alpha} - \frac{\overset{*}{D}_{i\alpha}}{\varrho_0} \frac{\partial \overset{\circ}{p}}{\partial a_\alpha}, \qquad (i = 1, 2, 3)$$

worin

$$(275) \qquad \begin{cases} \overset{*}{D}_{11} = \left(\dfrac{\partial \overset{\circ}{x}_2}{\partial a_2} \dfrac{\partial x_3}{\partial a_3} - \dfrac{\partial \overset{\circ}{x}_2}{\partial a_3} \dfrac{\partial \overset{*}{x}_3}{\partial a_2} \right) + \left(\dfrac{\partial \overset{*}{x}_2}{\partial a_2} \dfrac{\partial \overset{\circ}{x}_3}{\partial a_3} - \dfrac{\partial \overset{*}{x}_2}{\partial a_3} \dfrac{\partial \overset{\circ}{x}_3}{\partial a_2} \right), \\[2mm] \overset{*}{D}_{21} = \left(\dfrac{\partial \overset{\circ}{x}_3}{\partial a_2} \dfrac{\partial x_1}{\partial a_3} - \dfrac{\partial \overset{\circ}{x}_3}{\partial a_3} \dfrac{\partial \overset{*}{x}_1}{\partial a_2} \right) + \left(\dfrac{\partial \overset{*}{x}_3}{\partial a_2} \dfrac{\partial \overset{\circ}{x}_1}{\partial a_3} - \dfrac{\partial \overset{*}{x}_3}{\partial a_3} \dfrac{\partial \overset{\circ}{x}_1}{\partial a_2} \right) \end{cases}$$

usw. bedeuteten. Das Bildungsgesetz der $\overset{*}{D}_{i\alpha}$ ist leicht zu erkennen, denn es ist, wenn i, j, k bzw. α, β, γ zyklisch aufeinanderliegende Indizes bedeuten:

$$D_{i\alpha} = \frac{\partial (x_j, x_k)}{\partial (a_\beta, a_\gamma)},$$

also

$$\overset{*}{D}_{i\alpha} = \frac{\partial (\overset{\circ}{x}_j, \overset{*}{x}_k)}{\partial (a_\beta, a_\gamma)} + \frac{\partial (\overset{*}{x}_j, \overset{\circ}{x}_k)}{\partial (a_\beta, a_\gamma)},$$

in der Funktionaldeterminantenschreibweise von DONKIN.

Die physikalische Gleichung (267) ergibt

$$(276) \qquad \overset{*}{\varrho} = \gamma_\varrho \overset{*}{p}$$

mit γ_ϱ als Piezotropiekoeffizienten der Dichte, und damit wird die Kontinuitätsgleichung:

$$(277) \quad 0 = \gamma_\varrho \frac{\overset{*}{p}}{\varrho_0} \frac{\partial (\overset{\circ}{x}_1, \overset{\circ}{x}_2, \overset{\circ}{x}_3)}{\partial (a_1, a_2, a_3)} + \frac{\partial (x_1, \overset{\circ}{x}_2, \overset{\circ}{x}_3)}{\partial (a_1, a_2', a_3)} + \frac{\partial (\overset{\circ}{x}_1, \overset{*}{x}_2, \overset{\circ}{x}_3)}{\partial (a_1, a_2, a_3)} + \frac{\partial (\overset{\circ}{x}_1, \overset{\circ}{x}_2, \overset{*}{x}_3)}{\partial (a_1, a_2, a_3)}.$$

Für die Grenzflächenbedingungen erhält man schließlich, wenn die Grenzfläche durch die Störung in

$$(278) \qquad \begin{cases} \overset{\circ}{f}(a_1, a_2, a_3, t) + \overset{*}{f}(a_1, a_2, a_3, t) = 0, \\[1mm] \overset{\circ}{f}'(a_1', a_2', a_3', t) + \overset{*}{f}'(a_1', a_2', a_3', t) = 0 \end{cases}$$

übergeht:

$$(279)\quad\begin{cases}\dfrac{\partial \overset{*}{f}}{\partial t}(a_1, a_2, a_3, t) = 0, \qquad \dfrac{\partial \overset{*}{f'}}{\partial t}(a'_1, a'_2, a'_3, t) = 0, \\[2ex] \left(\dfrac{\partial \overset{*}{x_k}}{\partial t} - \dfrac{\partial \overset{*}{x'_k}}{\partial t}\right)\overset{o}{D}_{k\alpha}\dfrac{\partial \overset{o}{f}}{\partial a_\alpha} + \left(\dfrac{\partial \overset{o}{x_k}}{\partial t} - \dfrac{\partial \overset{o}{x'_k}}{\partial t}\right)\overset{*}{D}_{k\alpha}\dfrac{\partial \overset{o}{f}}{\partial a_\alpha} + \left(\dfrac{\partial \overset{o}{x_k}}{\partial t} - \dfrac{\partial \overset{o}{x'_k}}{\partial t}\right)\overset{o}{D}_{k\alpha}\dfrac{\partial \overset{*}{f}}{\partial a_\alpha} = 0, \\[2ex] \left(\dfrac{\partial \overset{*}{x_k}}{\partial t} - \dfrac{\partial \overset{*}{x'_k}}{\partial t}\right)\overset{o}{D}'_{k\alpha}\dfrac{\partial \overset{o}{f'}}{\partial a'_\alpha} + \left(\dfrac{\partial \overset{o}{x_k}}{\partial t} - \dfrac{\partial \overset{o}{x'_k}}{\partial t}\right)\overset{o}{D}'_{k\alpha}\dfrac{\partial \overset{o}{f'}}{\partial a'_\alpha} + \left(\dfrac{\partial \overset{o}{x_k}}{\partial t} - \dfrac{\partial \overset{o}{x'_k}}{\partial t}\right)\overset{o}{D}'_{k\alpha}\dfrac{\partial \overset{*}{f'}}{\partial a'_\alpha} = 0,\end{cases}$$

für $a'_1 = a_1$, $a'_2 = a_2$, $a'_3 = a_3$, $t = 0$ (kinematische Grenzflächenbedingung) und

$$(280)\quad \overset{o}{p}(a_1, a_2, a_3, t) + \overset{*}{p}(a_1, a_2, a_3, t) = \overset{o}{p}'(a'_1, a'_2, a'_3, t) + \overset{*}{p}'(a'_1, a'_2, a'_3, t)$$

für $a'_1 = a_1$, $a'_2 = a_2$, $a'_3 = a_3$, $t = 0$ (dynamische Grenzflächenbedingung), bzw. die aus (272) analog (279) folgende gemischte Grenzflächenbedingung für die gestörte Fläche, die hier nicht besonders angeschrieben werden soll.

Die Methoden der Integration der Störungsgleichungen werden aus der Theorie simultaner linearer Differentialgleichungen übernommen. Man geht in die Störungsgleichungen (etwa in EULERscher Form), wenn dieselben bereits konstante Koeffizienten aufweisen (was von den Annahmen über die Grundströmung abhängt), zwecks Gewinnung partikulärer Integrale mit Lösungsansätzen von der Form synchroner Schwingungen, z. B.

$$(281)\quad\begin{cases}\overset{*}{v}_x = A \exp\{i(\alpha x + \beta y + \gamma z - ct) + \varepsilon z\}, \\ \overset{*}{v}_y = B \exp\{i(\alpha x + \beta y + \gamma z - ct) + \varepsilon z\}, \\ \vdots \qquad \vdots \qquad \vdots \qquad \vdots \\ \overset{*}{\alpha} = E \exp\{i(\alpha x + \beta y + \gamma z - ct) + \varepsilon z\},\end{cases}$$

ein und erhält so ein System homogener linearer Gleichungen, dessen Determinante verschwinden muß (was eine Beziehung zwischen den Parametern in (281) und den Konstanten der Grundströmung liefert) und aus dem die Störungsamplituden A, B, C usw. bis auf einen Faktor bestimmt werden können. Die für die verschiedenen Schichten mit verschiedenen Amplituden (A', A'', A''' ..., B', B'', B''' ... usw.) analog Ansatz (281) erhaltenen Lösungen sind dann durch die Grenzflächenbedingungen aneinander anzuschließen und ermöglichen letzten Endes die Aufstellung einer „Frequenzgleichung" (H. SOLBERG), die eine Beziehung zwischen den in (281) auftretenden Parametern Wellenzahl, Frequenz und den Grundströmungsgrößen darstellt und die den Charakter der Wellenstörungen des vorliegenden Problems bestimmt; reelle Frequenzen ergeben die Stabilitäts-, imaginäre Frequenzen die Instabilitätswellen. Oder man geht in die Störungsgleichungen mit

Ansätzen von der Form

$$(282) \quad \begin{cases} \overset{*}{v}_x = A(z)\,\psi(x,y,t)\,, \\ \overset{*}{v}_y = B(z)\,\psi(x,y,t)\,, \\ \vdots \qquad \vdots \qquad \vdots \\ \overset{*}{\alpha} = E(z)\,\psi(x,y,t) \end{cases}$$

usw. ein, in dem $\psi(x,y,t)$ eine unbestimmte Parameter enthaltende Wellenfunktion bedeutet, bestimmt die Amplitudenfunktionen $A(z)$, $B(z)$ ... usw. aus dem sich dann ergebenden System linearer simultaner Differentialgleichungen, für das die HEAVISIDEsche Operatorenordnung[229] z. B. eine angepaßte Lösungsform bietet, und behandelt die so erhaltenen Partikularlösungen in der oben angegebenen Weise weiter.

Die meteorologischen Anwendungen der BJERKNESschen Störungsgleichungen[230] haben bereits wertvolle Resultate ergeben. Durch Anwendung derselben auf das Problem der Luftwogen konnte HAURWITZ zeigen, daß die Übereinstimmung mit den Beobachtungen durch Berücksichtigung des Einflusses der Schichtung sowie der Kompressibilität der Luft gegenüber der HELMHOLTZ-WIENschen Theorie (ungeschichtete, inkompressible Atmosphäre) weitgehend verbessert werden kann. Wichtig ist auch der von HAURWITZ erbrachte Nachweis der Möglichkeit des Auftretens von Gravitationswellen an der Tropopause, obgleich hier kein Dichtesprung auftritt; der Sprung des vertikalen Temperatur- bzw. Dichtegradienten ermöglicht auch Schwerewellen, womit ein von EXNER[231] gegen DEFANTs Theorie der Schwingungen einer zweifach geschichteten Atmosphäre[232] vorgebrachter Einwand hinfällig wird.

[229] JEFFREYS, H.: Operational Methods in Math. Physics Soc. Ed. Cambridge 1931. — CARSLOW, H. S.: Operational Methods in Math. Physic. Math. Gaz. Bd. 14 (1928) Nr. 196; auch Sidney Univ. Reprints, Ser. XI Bd. 1 Nr. 21.

[230] BJERKNES, V., u. Mitarbeiter: Physikalische Hydrodynamik. S. 509f., 565f. Berlin 1933. — SOLBERG, H.: Integration der atmosphärischen Störungsgleichungen. I. Teil. Geofys. Publ. Oslo Bd. 5 Nr. 1. — HAURWITZ, B.: Zur Theorie der Wellenbewegungen in Luft und Wasser. Veröff. geophys. Inst. Leipzig, 2. Ser. Bd. 5 (1931) Heft 1 — Über die Wellenlänge von Luftwogen. Gerlands Beitr. Geophys. Bd. 34 (KÖPPEN-Bd. 3) (1931) S. 213—232 — 2. Mitt. ebenda Bd. 37 (1932) S. 16—24 — Über Wellenbewegungen an der Grenzfläche zweier Luftschichten mit linearem Temperaturgefälle. Beitr. Physik frei. Atmosph. Bd. 19 (1932) S. 47—54. — PHILIPPS, H.: Die Störungen des zonalen atmosphärischen Grundzustandes durch stratosphärische Druckwellen. Reichsamt f. Wetterdienst, Wiss. Abh. Bd. 2 Nr. 3. Berlin 1936. — GODSKE, C. L.: Die Störungen des zirkularen Wirbels einer homogen-inkompressiblen Flüssigkeit. Publ. Oslo Univ. Obs. Bd. 1 (1934) Nr. 11.

[231] EXNER, F. M.: Zu Defants Theorie der Schwingungen einer geschichteten Atmosphäre. Meteorol. Z. 1926 S. 19—21.

[232] DEFANT, A.: Schwingungen einer zweifach geschichteten Atmosphäre und ihr Verhältnis zu den Wellen im Luftmeer. Beitr. Physik frei. Atmosph. Bd. 12 (1925) S. 112—137.

PHILIPPS behandelte in Erweiterung einer früheren Arbeit von DEFANT[233] mit Hilfe der Störungsgleichungen in EULERscher Form bei quasistatischer Behandlungsweise die durch vorgegebene stratosphärische Druckwellen bedingte Zyklogenese und erhielt Ergebnisse, die sich trotz der einschränkenden Voraussetzungen den synoptisch gefundenen Resultaten gut einpassen.

Von den die Zyklogenese beschreibenden Lösungen der Störungsgleichungen hat man zu fordern, daß sie

1. Instabilitätswellen darstellen, die an der Polarfrontdiskontinuität „spontan" entstehen können,

2. eine einseitige, ostwärts gerichtete Fortpflanzungsgeschwindigkeit aufweisen,

3. zyklonisch umlaufende Partikelbewegung nördlich der Diskontinuität ergeben, wie sie durch SHAW und LEMPFERT[234] nachgewiesen wurden,

4. das richtige Stromlinienbild und Bewegungsfeld in der freien Atmosphäre einschließlich der kleinen, aber wichtigen Vertikalkomponenten liefern müssen.

H. SOLBERG hat unter seinen Lösungen der Störungsgleichungen für zwei isotherme Schichten mit zonaler Grundströmung zwei Wellentypen gefunden, welche die vorstehenden Forderungen erfüllen, jedoch jede nur teilweise, und er betrachtet daher die Auffindung derjenigen Lösung, in der diese beiden Typen zu einer einzigen verschmolzen sind, also die nächste Aufgabe der Theorie der Zyklonen (Physikal. Hydrodynamik, S. 611, 618). Nach SOLBERGs Auffassung ist die in einer Vernachlässigung der vertikalen Beschleunigung und CORIOLISkomponente bestehende „quasistatische" Rechnungsweise für das Zyklonenproblem nicht zulässig, da bei der Dimensionierung der Zyklonenwellen dem Trägheitseffekt größere Bedeutung als dem statischen Schwereeffekt zukommt. Durch das Zusammenwirken von „Scherungsinstabilität"

$$v_s^2 = -\frac{\pi^2}{\lambda^2}(v_2 - v_1)^2 \text{ und „Rotations-Trägheitsstabilität" } v_T^2 = +4\omega^2\sin^2\varphi$$

(λ = Zyklonenwellenlänge, $v_2 - v_1$ = Geschwindigkeitssprung an der Diskontinuität) ergibt sich ein Instabilitätsgebiet für Zyklonenwellen in der Umgebung der kritischen Wellenlänge

$$(283) \qquad \lambda_k = \frac{\pi(v_2 - v_1)}{2\omega\sin\varphi}$$

(Größenordnung 10^3 km), während für längere Wellen wieder Stabilität auftritt. Bei der Anwendung der Störungsgleichungen auf entwickelte Zyklonen muß zu den obenstehenden Punkten ergänzend noch eine

---

[233] DEFANT, A.: Primäre und sekundäre, freie und erzwungene Druckwellen in der Atmosphäre. S.-B. Akad. Wiss. Wien 1926 S. 357—377.

[234] SHAW, W. N., and R. G. K. LEMPFERT: The Life History of surface air currents, a study of the surface trajectories of moving air. London 1906.

Erklärung der folgenden Tatsachen gefordert werden, ohne die eine vollständige Theorie der Zyklonen undenkbar ist[235]:

5. Die Senkung der Tropopause über dem Zyklonengebiet,
6. die relativ niedrige (unternormale) Temperatur der Troposphäre,
7. die relativ hohe (übernormale) Temperatur der Stratosphäre,

also die Zusammenhänge, die durch die DINES-SCHEDLERschen Korrelationen ausgedrückt werden[236]. Eine vollständige, auf den BJERKNESschen Störungsgleichungen basierende Theorie der Zyklonen muß deshalb als Drei-Schichten-Problem (troposphärische Kaltluft, übrige Troposphäre, Stratosphäre) mit zwei inneren Grenzflächen (Polarfront-Diskontinuität, Tropopause) aufgefaßt werden.

§ 10. Geostrophische Gleichgewichtsbedingung und nichtstationäre Bewegungen.

Der komplizierte Bau der vollständigen hydrodynamischen Gleichungen und die damit verbundenen Schwierigkeiten in der Anwendung derselben haben vielfach zu Versuchen geführt, zur Behandlung einfacherer nichtstationärer Bewegungen mit vereinfachten Bewegungsgleichungen auszukommen. Besonders geeignet sind für diesen Zweck die Gleichungen des geostrophischen Windfeldes (vgl. S. 100), die bei Verwendung eines kartesischen Rechtssystems (x, y, z) nach (220) die Form

$$(284) \qquad -\lambda \varrho\, v_y = -\frac{\partial p}{\partial x}, \qquad +\lambda \varrho\, v_x = -\frac{\partial p}{\partial y}$$

haben, wozu noch die statische Grundgleichung

$$(285) \qquad \frac{\partial p}{\partial z} = -g\varrho$$

tritt; das System (284), (285) ist invariant gegenüber Drehungen des Koordinatensystems um die vertikale z-Achse. Die weitgehende Annäherung, mit welcher die Gleichungen (284) auch in nichtstationären Druckfeldern erfüllt sind (auf die Abweichungen kommen wir später zurück), berechtigt ihre Verwendung zur Behandlung nichtstationärer Bewegungen[237]. Das System (284), (285), kombiniert mit einer nicht-

---

[235] BRUNT, D.: The present position of theories of the orgin of cyclonic depressions. Some problems of modern meteorology. S. 1. London 1934. — Die Auffassung der norwegischen Schule ist dagegen in einer Arbeit von C. L. GODSKE: Zur Theorie der Bildung außertropischer Zyklonen. Meteorol. Z. 1936 S.445—449, enthalten.

[236] DINES, W. H.: Total and partial Correlation Coefficients between sundry variables of the upper air. Geophys. Mem. Nr.2. London 1912 — The characteristics of the free atmosphere. Geophys. Mem. Nr. 13. London 1919. — SCHEDLER, A.: Über den Einfluß der Lufttemperatur in verschiedenen Höhen auf die Luftdruckschwankungen am Erdboden. Beitr. Physik frei..Atmosph. Bd. 7 S. 88—101.

[237] SHAW, W. N.: Preface to E. GOLD: Barometric Gradient and Wind Force. London 1908.

stationären thermodynamischen Gleichung, hat in der Tat beachtenswerte Ergebnisse geliefert, wie die diesbezüglichen Arbeiten von EXNER[238] und DEFANT[239] zeigen.

Andererseits glaubte man in folgendem Umstand eine Schwierigkeit zu sehen, die gegen die Anwendbarkeit der geostrophischen Gleichungen bei nichtstationären Bewegungen spricht: Aus der Kontinuitätsgleichung folgt in Verbindung mit (285):

$$(286) \qquad \frac{\partial p_0}{\partial t} = - \int_0^\infty g \left\{ \frac{\partial \varrho v_x}{\partial x} + \frac{\partial \varrho v_y}{\partial y} \right\} dz \,,$$

andererseits ist das durch (284) beschriebene Feld der Horizontalkomponente des Impulsdichte-Vektors divergenzfrei:

$$(287) \qquad \frac{\partial \varrho v_x}{\partial x} + \frac{\partial \varrho v_y}{\partial y} = 0 \,,$$

so daß $\partial p_0 / \partial t = 0$, d. h.: Luftdruckschwankungen am Erdboden wären unmöglich.

Doch bieten sich zur Lösung dieser Schwierigkeit zwei Möglichkeiten:

I. Erstens kann man annehmen, daß der Impulsdichte-Vektor Unstetigkeiten aufweist. Sind

$$(288) \qquad z = H_n(x, y, t) \qquad\qquad (n = 1, 2, 3 \dots)$$

Diskontinuitäten nullter Ordnung (vgl. S. 101), an denen die Horizontalkomponenten $(\varrho v_x, \varrho v_y)$ des Impulsdichte-Vektors die Sprungweite

$$\Delta(\varrho v_x)_n = \{(\varrho v_x)_{-0} - (\varrho v_x)_{+0}\}_n \,, \qquad \Delta(\varrho v_y)_n = \{(\varrho v_y)_{-0} - (\varrho v_y)_{+0}\}_n$$

aufweisen, so gilt an Stelle von (286):

$$(289) \qquad \frac{\partial p_0}{\partial t} = - \int_0^\infty g \left\{ \frac{\partial \varrho v_x}{\partial x} + \frac{\partial \varrho v_y}{\partial y} \right\} dz - \sum_n g \left\{ \Delta(\varrho v_x)_n \frac{\partial H_n}{\partial x} + \Delta(\varrho v_y)_n \frac{\partial H_n}{\partial y} \right\},$$

und selbst dann, wenn die Gleichungen (284) und damit die Bedingung (287) streng erfüllt wären, verbleibt die durch „singuläre Advektion" an geneigten Diskontinuitäten des Impulsdichte-Feldes bedingte Bodendruckänderung

$$(290) \qquad \frac{\partial p_0}{\partial t} = - \sum_n g \left\{ \Delta(\varrho v_x)_n \frac{\partial H_n}{\partial x} + \Delta(\varrho v_y)_n \frac{\partial H_n}{\partial y} \right\}$$

bzw. die Druckänderung in der Höhe z:

$$(291) \qquad \frac{\partial p}{\partial t} - g \varrho v_z = - \sum_m g \left\{ \Delta(\varrho v_x) \frac{\partial H_m}{\partial x} + \Delta(\varrho v_y)_m \frac{\partial H_m}{\partial y} \right\},$$

[238] EXNER, F. M.: Grundzüge einer Theorie der synoptischen Luftdruckveränderungen. S.-B. Akad. Wiss. Wien Bd. 115 (1906) S. 1171—1246; Bd. 116 (1907) S. 995—1030; Bd. 119 (1910) S. 679—738 — Dynam. Meteorologie, 2. Aufl. S. 291. Wien 1925.

[239] DEFANT, A.: Primäre und sekundäre — frei und erzwungene Druckwellen in der Atmosphäre. S.-B. Akad. Wiss. Wien Bd. 135 (1926) S. 357—377.

worin die linke Seite die auf die Zeiteinheit bezogene ROSSBYsche Advektionsfunktion darstellt und die Summation auf der rechten Seite über alle oberhalb z liegenden Diskontinuitäten zu erstrecken ist[240].

II. Zweitens hat man die Möglichkeit, die Gleichungen (284) für nichtstationäre Felder nur als weitgehende Annäherungen derart anzusehen, daß man für (284) schreibt:

$$(292) \qquad -\lambda \varrho v_y = -\frac{\partial p}{\partial x} + \varepsilon_x\,, \qquad +\lambda \varrho v_x = -\frac{\partial p}{\partial y} + \varepsilon_y\,,$$

wobei die Funktionen ε_x, ε_y (die Komponenten der Vektordifferenz von Reibung und D'ALEMBERTschen Trägheitskräften) als kleine Größen zu betrachten sind, *die in den nichtdifferentiierten Gleichungen (292) stets (in erster Annäherung) zu vernachlässigen sind, nicht jedoch bei Differentiation der Gleichungen (292) nach den horizontalen Koordinaten*, da die Größenpaare

$$\frac{\partial^2 p}{\partial x^2}\,,\quad \frac{\partial \varepsilon_x}{\partial x}\,;\qquad \frac{\partial^2 p}{\partial y\,\partial x}\,,\quad \frac{\partial \varepsilon_x}{\partial y}\,;\qquad \frac{\partial^2 p}{\partial y^2}\,,\quad \frac{\partial \varepsilon_y}{\partial y}\,;\qquad \frac{\partial^2 p}{\partial x\,\partial y}\,,\quad \frac{\partial \varepsilon_y}{\partial x}$$

von gleicher Größenordnung sind. Hingegen ist die Differentiation der Gleichungen (284) bzw. (292) nach der Vertikalkoordinate z in erster Annäherung ohne Berücksichtigung der Größen $\partial \varepsilon_x/\partial z$, $\partial \varepsilon_y/\partial z$ zulässig, wenn man annehmen darf, daß der wahre Wind durch den Gradientwind (284) in benachbarten Höhen gleich gut approximiert wird. *Beachtet man dieses Differentiationsverbot der Gradientwindgleichungen (284) nach den horizontalen Koordinaten, so erhält man durch Anwendung der Gradientwindgleichungen auf nichtstationäre Bewegungen durchaus mit der Erfahrung weitgehend übereinstimmende Ergebnisse.* Beispiele liefern die oben erwähnten Rechnungen von EXNER und DEFANT, in denen die Gradientwindgleichungen in undifferentiierter Form gebraucht werden.

Dazu betrachten wir nachstehend noch ein Beispiel, in dem die (erlaubte) Differentiation nach der Höhenkoordinate Anwendung findet. Wir schreiben für (286):

$$(293) \qquad \frac{\partial p_0}{\partial t} = -\int_0^\infty g\left\{v_x \frac{\partial \varrho}{\partial x} + v_y \frac{\partial \varrho}{\partial y}\right\} dz - \int_0^\infty g\varrho\left\{\frac{\partial v_x}{\partial x} + \frac{\partial v_y}{\partial y}\right\} dz\,.$$

---

[240] ERTEL, H.: Zusammenhang von Luftdruckänderungen und Singularitäten des Impulsdichte-Feldes. S.-B. preuß. Akad. Wiss. Berlin 1936 S. 257—266 — Singuläre Advektion. Meteorol. Z. 1936 S. 280—284 — Zusammenhang von Luftdruckänderungen und Beschleunigungen an Diskontinuitäten. Ebenda 1936 S. 394 — Singuläre Advektion und ihre Darstellung durch C. G. ROSSBYS Advektionsfunktion. Veröff. meteorol. Inst. Univ. Berlin Bd. 1 Heft 6. Berlin 1936. — Vgl. auch J. VAN MIEGHEM: Relation fondamentale entre les variations bariques et thermiques dans l'atmosphère. Acad. Roy. Belg. Bull., Classe des Sci., 5. Serie Bd. 23 S. 149—158. Bruxelles 1937.

Dann können im ersten Term der rechten Seite die undifferentiierten Gleichungen (284) substituiert werden, und eine einfache Umformung (mit Hilfe der statischen Grundgleichung) ergibt ($v^2 = v_x^2 + v_y^2$):

$$(294) \qquad \frac{\partial p_0}{\partial t} = - \lambda \int_0^\infty \varrho \, v^2 \frac{\partial \psi}{\partial z} \, dz - \int_0^\infty g \varrho \left\{ \frac{\partial v_x}{\partial x} + \frac{\partial v_y}{\partial y} \right\} dz$$

(vgl. S. 100), wobei zur Umformung des ersten Terms der rechten Seite nur Differentiationen nach z verwendet wurden:

$$g \left\{ \frac{\partial \varrho}{\partial x} \frac{\partial p}{\partial y} - \frac{\partial \varrho}{\partial y} \frac{\partial p}{\partial x} \right\} = - \left(\frac{\partial p}{\partial y} \right)^2 \frac{\partial}{\partial z} \left(\frac{\frac{\partial p}{\partial x}}{\frac{\partial p}{\partial y}} \right)$$

usw. Wird die Divergenz in Richtungs- und Geschwindigkeitsdivergenz zerlegt:

$$(295) \qquad \frac{\partial v_x}{\partial x} + \frac{\partial v_y}{\partial y} = v \frac{\partial \sigma}{\partial n} + \frac{\partial v}{\partial s},$$

worin s die Stromlinienrichtung und $\partial \sigma / \partial n$ die Richtungs- (Winkel-) Änderung der Stromlinien quer zu s bedeuten (s, n, z = Rechtssystem), so erhält man schließlich aus (294):

$$(296) \qquad \frac{\partial p_0}{\partial t} = - \lambda \int_0^\infty \varrho \, v^2 \frac{\partial \psi}{\partial z} \, dz - \int_0^\infty g \varrho \, v \frac{\partial \sigma}{\partial n} \, dz - \int_0^\infty g \varrho \frac{\partial v}{\partial s} \, dz.$$

Die Luftdruckänderung am Erdboden setzt sich also aus den drei Teilen

$$(297) \qquad \left(\frac{\partial p_0}{\partial t} \right)_1 = - \lambda \int_0^\infty \varrho \, v^2 \frac{\partial \psi}{\partial z} \, dz,$$

$$(298) \qquad \left(\frac{\partial p_0}{\partial t} \right)_2 = - \int_0^\infty g \varrho \, v \frac{\partial \sigma}{\partial n} \, dz,$$

$$(299) \qquad \left(\frac{\partial p_0}{\partial t} \right)_3 = - \int_0^\infty g \varrho \frac{\partial v}{\partial s} \, dz$$

zusammen. Jeder dieser Anteile erklärt empirisch gefundene Beziehungen, und zwar:

Gleichung (297) die von Rotzoll[241] gefundenen Sätze über den Zusammenhang von $\partial p_0 / \partial t$ mit der Winddrehung mit der Höhe,

---

[241] Rotzoll, H.: Zur Verwertung von Pilotballonen im Wetterdienst. Berlin 1912.

Gleichung (298) die SCHERHAGsche Divergenztheorie[242] der Zyklonen,
Gleichung (299) die von SCHMAUSS[243] diskutierten Effekte (Tropopausenschwankungen, Vertiefung von Depressionen usw.), die auf Geschwindigkeitsänderungen längs der Stromlinien zurückgeführt werden
können *.

Wir wollen nun abschließend die Differenzen zwischen Gradientwind und beobachtetem Wind näher behandeln, also die Abweichungen
von der geostrophischen Gleichgewichtsbedingung in Betracht ziehen.
Von BRUNT und DOUGLAS[244] wurden für nichtstationäre Bewegungen
die vereinfachten Bewegungsgleichungen

$$(300) \qquad -\lambda \varrho\, v_y = -\frac{\partial p}{\partial x} + \frac{1}{\lambda}\frac{\partial \dot p}{\partial y}, \qquad +\lambda \varrho\, v_x = -\frac{\partial p}{\partial y} - \frac{1}{\lambda}\frac{\partial \dot p}{\partial x}$$

abgeleitet, die also Erweiterungen der geostrophischen Gleichungen (284)
durch Berücksichtigung des Isallobarenfeldes $\dot p = \partial p / \partial t$ darstellen.
Wird jetzt der durch (284) definierte Gradientwind mit $\bar v_x$, $\bar v_y$ bezeichnet,
also

$$(301) \qquad -\lambda \varrho\, \bar v_y = -\frac{\partial p}{\partial x}, \qquad +\lambda \varrho\, \bar v_x = -\frac{\partial p}{\partial y},$$

so bestehen zwischen den Abweichungen

$$(302) \qquad \zeta_x = v_x - \bar v_x, \qquad \zeta_y = v_y - \bar v_y$$

des „wahren" Windes (v_x, v_y) vom Gradientwind $(\bar v_x, \bar v_y)$ und dem
Isallobarenfeld die Beziehungen

$$(303) \qquad -\lambda^2 \varrho\, \zeta_y - +\frac{\partial \dot p}{\partial y}, \qquad +\lambda^2 \varrho\, \zeta_x = -\frac{\partial \dot p}{\partial x},$$

aus denen

$$(304) \qquad \zeta_x \frac{\partial \dot p}{\partial y} - \zeta_y \frac{\partial \dot p}{\partial x} = 0$$

folgt, d. h. die Windabweichung (ζ_x, ζ_y) soll in die Richtung des isallobarischen Gradienten fallen. Dieses Resultat widerspricht nun aber
den Beobachtungen, denn eine sorgfältigst durchgeführte statistische

[242] SCHERHAG, R.: Die Entstehung des Ostsee-Orkans vom 8.—9. Juli 1931.
Ann. Hydrogr. 1934 S. 152—162 — Die Bedeutung der Divergenz für die Entstehung der Vb-Depressionen. Ebenda S. 397—406 — Zur Theorie der Hoch-
und Tiefdruckgebiete. Meteorol. Z. 1934 S. 129—138 — Die unvermittelte Entwicklung der Vb-Depression vom 6.—8. Juli 1929 im Gebiet starker Isothermen-
und Strömungskonvergenz. Beitr. Physik frei. Atmosph. Bd. 22 (1934) S. 76—87.
[243] SCHMAUSS, A.: Beiträge zur Dynamik der Atmosphäre. Meteorol. Z. 1917
S. 97—121.
* Von SCHMAUSS allerdings als BERNOUILLI-Effekte aufgefaßt.
[244] BRUNT, D., and C. K. M. DOUGLAS: The modification of the strophic
balance for changing pressure distribution, and its effects on rainfall. Mem. Roy.
Meteorol. Soc. London Bd. 3 Nr. 22.

Untersuchung von MÖLLER und SIEBER[245] hat ergeben, daß der Differenzvektor (ζ_x, ζ_y) zwischen wahrem Wind und Gradientwind auf dem isallobarischen Gradienten senkrecht steht, und zwar derart, daß das Fallgebiet $(\dot{p} < 0)$ auf der rechten Seite des Differenzvektors liegt, wenn man in Richtung desselben blickt, welche Verhältnisse qualitativ verständlich sind auf Grund der auf STÜVE und MÜGGE[246] zurückgehenden Vorstellung, daß sich der Wind bei zeitlichen Gradientenänderungen der neuen Gleichgewichtsbedingung nur verzögert anpassen kann. Die bisher noch ausstehende theoretische Begründung des von MÖLLER und SIEBERT aufgezeigten Sachverhalts kann folgendermaßen gegeben werden: Wenn der Wind aus Trägheitsgründen hinter den zeitlichen Gradientenänderungen des Druckfeldes zurückbleibt, so können sich die beiden Seiten der geostrophischen Gleichgewichtsbedingung (284) nicht auf dieselbe Zeit t beziehen, vielmehr hat man zu setzen:

$$(305) \qquad -\lambda(\varrho\,v_y)_t = -\left(\frac{\partial p}{\partial x}\right)_{t-\tau}, \qquad +\lambda(\varrho\,v_x)_t = -\left(\frac{\partial p}{\partial y}\right)_{t-\tau},$$

worin τ eine kleine positive Funktion vom Charakter einer Relaxationszeit darstellt; die vorstehenden Gleichungen enthalten dann die Aussage, daß der Wind zur Zeit t dem Druckgradienten zur etwas früheren Zeit $t - \tau$ angepaßt ist. Nun ist

$$(306) \quad \begin{cases} \left(\dfrac{\partial p}{\partial x}\right)_{t-\tau} = \left(\dfrac{\partial p}{\partial x}\right)_t - \tau\left(\dfrac{\partial^2 p}{\partial t\,\partial x}\right)_t = \left(\dfrac{\partial p}{\partial x}\right)_t - \tau\left(\dfrac{\partial \dot{p}}{\partial x}\right)_t, \\[2ex] \left(\dfrac{\partial p}{\partial y}\right)_{t-\tau} = \left(\dfrac{\partial p}{\partial y}\right)_t - \tau\left(\dfrac{\partial^2 p}{\partial t\,\partial y}\right)_t = \left(\dfrac{\partial p}{\partial y}\right)_t - \tau\left(\dfrac{\partial \dot{p}}{\partial y}\right)_t, \end{cases}$$

so daß aus (305) unter Fortlassung des Index t jetzt die Gleichungen

$$(307) \qquad -\lambda\varrho\,v_y = -\frac{\partial p}{\partial x} + \tau\frac{\partial \dot{p}}{\partial x}, \qquad +\lambda\varrho\,v_x = -\frac{\partial p}{\partial y} + \tau\frac{\partial \dot{p}}{\partial y}$$

resultieren, die mit den früher eingeführten Bezeichnungen auch

$$(308) \qquad -\lambda\varrho\,\zeta_y = \tau\frac{\partial \dot{p}}{\partial x}, \qquad +\lambda\varrho\,\zeta_x = \tau\frac{\partial \dot{p}}{\partial y}$$

geschrieben werden können. Hieraus ergibt sich

$$(309) \qquad \zeta_x\frac{\partial \dot{p}}{\partial x} + \zeta_y\frac{\partial \dot{p}}{\partial y} = 0,$$

[245] MÖLLER, F., u. P. SIEBER: Über die Abweichungen zwischen Wind und geostrophischem Wind in der freien Atmosphäre. Ann. Hydrogr. Berlin 1937 S. 312—322.

[246] STÜVE, G., u. R. MÜGGE: Energetik des Wetters. Beitr. Physik frei. Atmosph. Bd. 22 (1935) S. 206—248. — MÜGGE, R.: Energetik des Wetters. Meteorol. Z. 1935 S. 168—176.

d. h. der Differenzvektor $\zeta = v - \bar{v}$ steht auf dem isallobarischen Gradienten senkrecht. Auch das System (307) in Verbindung mit der statischen Grundgleichung ist invariant gegenüber Drehungen des Koordinatensystems um die vertikale z-Achse; orientiert man das Koordinatensystem also derart, daß die x-Achse in die Richtung des isallobarischen Gradienten $-\mathrm{grad}\,\dot{p}$ fällt (vgl. Abb. 14), so wird $\zeta_x = 0$, $\zeta_y > 0$, d. h. das Fallgebiet des Druckes liegt rechts, wenn man in Richtung des Differenzvektors ζ blickt.

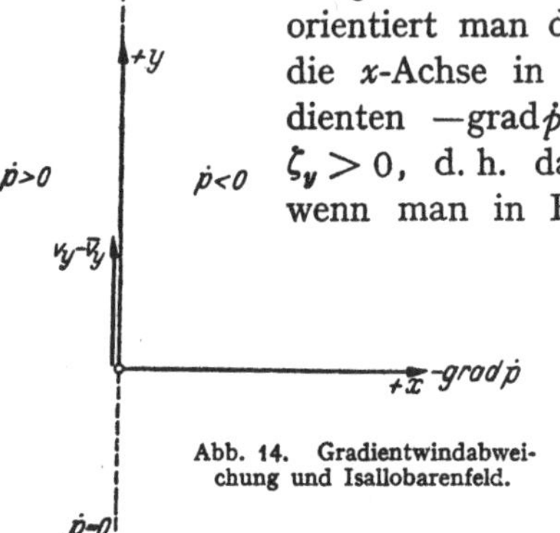

Abb. 14. Gradientwindabweichung und Isallobarenfeld.

Damit steht aber die vorstehende „Relaxationszeit-Theorie der Gradientwindabweichungen" in bester Übereinstimmung mit den von Möller und Sieber empirisch gewonnenen Resultaten. Die Relaxationszeit τ ist (im Mittel) von der Größenordnung einer Stunde; sie ist eine Feldfunktion, und daher verschwindet die Divergenz

$$(310) \qquad \frac{\partial \varrho v_x}{\partial x} + \frac{\partial \varrho v_y}{\partial y} = \frac{1}{\lambda}\left(\frac{\partial \tau}{\partial x}\,\frac{\partial \dot{p}}{\partial y} - \frac{\partial \tau}{\partial y}\,\frac{\partial \dot{p}}{\partial x}\right)$$

nur dann, wenn die Isallobaren $\dot{p} = $ konst. zugleich Linien gleicher Relaxationszeit sind.